中国高等教育学会工程教育专业委员会新工科“十四五”规划教材
——人工智能与大数据系列

Python 数据分析

李昕　王爽　◎主编

ZHEJIANG UNIVERSITY PRESS
浙江大学出版社
·杭州·

图书在版编目（CIP）数据

Python数据分析 / 李昕，王爽主编. — 杭州：浙江大学出版社，2024.1

ISBN 978-7-308-24278-3

Ⅰ. ①P… Ⅱ. ①李… ②王… Ⅲ. ①软件工具—程序设计 Ⅳ. ①TP311.56

中国国家版本馆CIP数据核字(2023)第191758号

Python数据分析

Python SHUJU FENXI

主编　李　昕　王　爽

责任编辑　吴昌雷
责任校对　王　波
封面设计　北京春天
出版发行　浙江大学出版社
　　(杭州市天目山路148号　邮政编码310007)
　　(网址：http://www.zjupress.com)
排　　版　杭州晨特广告有限公司
印　　刷　杭州宏雅印刷有限公司
开　　本　787mm×1092mm　1/16
印　　张　15
字　　数　356千
版 印 次　2024年1月第1版　2024年1月第1次印刷
书　　号　ISBN 978-7-308-24278-3
定　　价　45.00元

前　言

党的二十大报告指出，推动战略性新兴产业融合集群发展，构建人工智能等一批新的增长引擎。我们身处人工智能与大数据时代，其中数据分析占有非常重要的地位。数据分析简单来说是对具体数据进行详细的分析，而专业来说是指用适当的统计分析方法对所收集的大量数据进行分析，从而提取有用信息，形成结论并对数据进行更为详细的研究和概括总结。数据分析的目的其实就是把隐藏在大量杂乱无章的数据中的信息进行集中、萃取和提炼，以便找出所研究对象的内在规律。通过数据分析，可以得到过去发生了什么，为什么会发生，未来会发生什么。通过数据分析，可以进行分类和预测，发现关联规则，形成推荐系统，将数据缩减和降维，进行数据探索和可视化。在实用中，数据分析可以帮助人们做出判断，以便采取适当行动。而且数据分析是有组织、有目的地进行数据收集和分析，使之成为信息，从而提升数据利用的有效性的过程。

本教材可以作为计算机及相关专业的本科教材，也可以作为计算机及相关专业从业人员的自学参考用书。本教材以Python为承载语言，第2、3章包含了Python编程基础。为了更有效地处理数据，在第4章介绍了Python内存模型，并在第5章介绍了面向对象的基础知识。接下来是数据分析的整体流程，第6章介绍了数据获取，第7章介绍了用Numpy进行数据处理，第8章介绍了数据可视化，并在第9章介绍了采用Python进行数据分析的最主要工具Pandas。最后将所有知识进行整合，在第10章列举了一个综合案例。以上内容是本教材的主要构成部分。特别提出，为了与全球知识接轨，本教材引入了Kaggle学习平台的大量相关内容。Kaggle学习平台是一个数据发掘和预测竞赛的在线平台，为初学者提供了很多教程、案例和数据。

本书重点在于使用Python语言进行数据分析，如果已经学习过一门程序设计语言（例如C语言），对程序设计的基本用法已经掌握，将会对本教材内容的理解起到积极作用。

这本教材是我们团队共同心血的结晶,团队成员包括刘航源、王志宽、郭华、赵金晓、陈晓莹、李珊、刘冰、廖集秀、刘雯、邱元博、杨述敏、刘镇毅、韩睿毅、魏子帅、孙百乐、类兴华、刘凯、赵晓飞、王富胜、李文龙等。王斌为视频的制作付出了大量心血和努力。还有很多人员为本教材的最终形成贡献了力量,在此不一一列举,感谢大家的辛勤付出。

鉴于作者水平有限,书中难免出现错误,请求读者指正。任何意见或建议,请发送到邮箱 lix@upc.edu.cn。

编者

2023年6月

目 录

第1章　概　述

1.1　Python之美

Python是一种面向对象的解释型计算机程序设计语言，它在设计上遵循了很多优秀的原则，因而被广泛应用。早在1999年，Python的开发者之一，Tim Peters就提出了“Python之禅(The Zen of Python)”，一直到现在，“Python之禅”中的19条原则仍然对整个Python社区都产生着深远的影响。在Python编译环境下运行如下语句，可以直接看到原文：

```
01  import this
```

Python之美

The Zen of Python, by Tim Peters

Beautiful is better than ugly.

Explicit is better than implicit.

Simple is better than complex.

Complex is better than complicated.

Flat is better than nested.

Sparse is better than dense.

Readability counts.

Special cases aren't special enough to break the rules.

Although practicality beats purity.

Errors should never pass silently.

Unless explicitly silenced.

In the face of ambiguity, refuse the temptation to guess.

There should be one—and preferably only one—obvious way to do it.

Although that way may not be obvious at first unless you're Dutch.

Now is better than never.

Although never is often better than *right* now.

If the implementation is hard to explain, it's a bad idea.

If the implementation is easy to explain, it may be a good idea.

Namespaces are one honking great idea—let's do more of those!

这段"Python之禅"格言体现了Python设计的总体思路。从这段格言中可以看出，Python的最主要设计哲学是"优雅""明确""简单"。

1.1.1 优雅

优雅

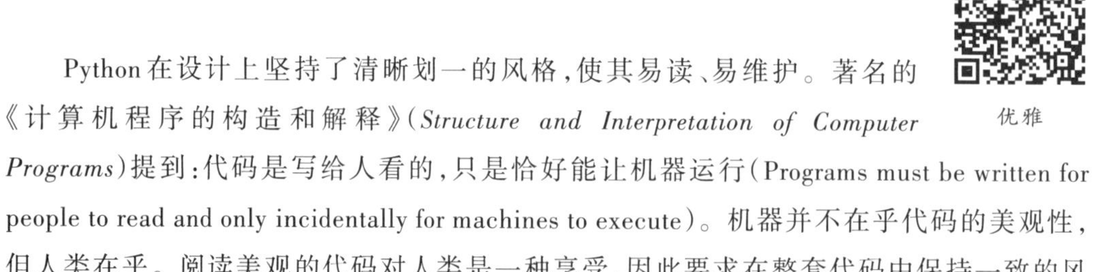

Python在设计上坚持了清晰划一的风格，使其易读、易维护。著名的《计算机程序的构造和解释》(*Structure and Interpretation of Computer Programs*)提到：代码是写给人看的，只是恰好能让机器运行(Programs must be written for people to read and only incidentally for machines to execute)。机器并不在乎代码的美观性，但人类在乎。阅读美观的代码对人类是一种享受，因此要求在整套代码中保持一致的风格。这一思想在Python中体现为开发者有意地设计限制性很强的语法，使得坏的编程习惯不能通过编译，其中很重要的一项就是Python的缩进规则。用缩进表示代码块的嵌套关系可谓是一种创举，把过去软性的编程风格升级为硬性的语法规定。不再需要选择不同的风格、不再需要为不同的风格争执。通过强制缩进，程序变得更加清晰和美观。Python让"美"成了一种价值，美观在众多原则当中排在首位。

1.1.2 明确

明确

Python设计者在开发时坚持的总体指导思想是：对于一个特定的问题，只要一种最好的方法。这在"Python之禅"格言里表述为：There should be one—and preferably only one—obvious way to do it。例如C语言中的除法兼备了整除的功能，给初学者带来了很多困惑，而Python中使用两个不同的符号/和//将除法和整除进行了明确的区分。Python中的明确性也有争议的部分，例如类成员函数的第一个参数明确使用self作为参数，不同人对此持不同的看法。对于这样的争议，不要过多纠结，一种规定的出现必然有其独特的道理，可以在学习中不断体会。

1.1.3 简单

简单

Python由荷兰人Guido van Rossum于1989年发明，第一个公开发行版始于1991年。发明者Guido前期参加过教学语言ABC的设计。ABC语言是专门为非专业程序员设计的，所以Python作为ABC语言的继承者，首要设计目标就是简单。Python书写的程序很容易懂，这是使用者的共同感受。Python在简洁方面有很多优势：首先，它是一种脚本语言，可以直接运行，省去了编译链接的麻烦，对于需要多动手实践的初学者而言，减少了出错的概率；其次，Python中没有各种隐晦的缩写，不需要去强记各种奇怪符号的含义。例如：Python使用and和or代替C语言中的&&和||表示逻辑运算的"与"和

“或”,使非专业人士也能读懂;高精度计算在C/C++或其他高级语言中,是一个需要学习的高级算法,而在Python中默认提供了大数计算功能;Python中将字符串、列表、元组和字典定义为基本数据类型,使其成为Python的核心成员,从而使很多算法的实现变得非常简洁;Python中有字符串类型,但是没有字符类型,与C语言中用字符数组表示字符串的方法相比,Python的方式明显更方便人类的使用。

1.1.4 小结

小结

Python的优秀特性给其带来了广阔的应用市场。在国外用Python做科学计算的研究机构日益增多,许多知名大学已经采用Python讲授程序设计相关课程。例如卡耐基梅隆大学的编程基础、麻省理工学院的计算机科学及编程导论就使用Python语言讲授。众多开源的科学计算软件包都提供了Python的调用接口,例如著名的计算机视觉库OpenCV。因此Python语言及其众多的扩展库所构成的开发环境十分适合工程技术、科研人员处理实验数据、制作图表,甚至开发科学计算应用程序。2004年开始,Python已在Google内部使用,他们的目的是Python where we can,C++ where we must,也就是说能使用Python就使用Python,Python解决不了的时候再使用C++。

1.2 Python的特点与学习方式

Python具有很多独特之处,理解和掌握这些特征才能更好地学习它。

1.2.1 开放性和扩展库

开放性和扩展库

Python是开源的、免费的编程语言。发明者Guido认为他之前参与设计的教学语言ABC已经非常优美和强大,但是由于ABC语言不具有开放性使其并没有取得成功。开放性使全世界的优秀人员参与了Python各种库的开发,使其扩展库非常丰富,例如Selenium、Numpy、Matplotlib、Pandas和Sklearn等。目前强大的深度学习框架也都提供了Python接口。各种库的逐渐丰富,使Python越来越强大。而且其简单性吸引了各个领域的科学家介入,使Python涉及的应用领域越来越广泛。针对众多试图通过计算机实现的功能,Python官方库都提供了相应的支持模块,可直接下载调用,大大缩短了开发周期,避免重复造轮子。

因此,在学习Python时选择正确的扩展库,可以让工作事半功倍。就本书内容而言,Python的数据类型、控制结构、函数和类属于其核心库,用来实现Python的基本架构和串联各种扩展库;Selenium可以帮助动态网页的爬取;Beautifulsoup用于网页的解析;Numpy进行科学计算;Matplotlib进行绘图;Pandas进行数据分析。每种库都有其特点,应用时要发挥每个库的优势。

另一方面,绝大部分库都是开源的,阅读这些源代码,学习优秀程序员的算法和编码风格,可以极大地提升学习的成长速度。

1.2.2 跨平台性

跨平台性

Python可以跨平台使用,在Unix,Linux,Mac和Windows上都可以运行。在使用Python时,应小心避免使用依赖于系统的特性,这样程序无须修改就几乎可以在所有系统平台上运行。但是从相反的角度看,跨平台的特性主要基于虚拟机,会对计算效率产生一定的影响。Python基于虚拟机,不能直接搭建在操作系统上,对硬件的访问达不到C语言或C++的性能优势,初学者学习时不应过于纠结Python的效率问题,因为每种语言都有其独特性,有其专有的优势。Python的优雅、明确、简单极大地降低了使用门槛,丰富的扩展库使其应用范围不断增加。

因为Python是建立在虚拟机基础上的,因此不可能直接使用物理内存。作为一个优秀的程序员,永远需要考虑程序的内存占用和算法效率。虽然不需要理解内存分配和释放的具体底层细节,但是需要理解Python各种数据结构的组成、各种扩展库的特点等,了解它们的优势和劣势,扬长避短。例如Python中虽然提供了id函数提供对象的内存地址,但这并不是一个对象的物理地址,只是虚拟机上的一个虚拟地址;再比如列表推导式进行了算法优化,比循环生成列表效率要高,因此应尽量使用列表推导式代替循环。如果不了解Python的这些特点,就不能真正地掌握Python。本书第四章对内存占用情况进行了详细的分析,并在其他章节的对应部分对内存和算法效率进行了分析,就是为了让学习者更加透彻地理解Python。

1.2.3 语言混编

语言混编

Python提供了丰富的API和工具,以便程序员能够轻松地使用C语言、C++、Cython来编写扩充模块。Python编译器本身也可以被集成到其他需要脚本语言的程序。因此,很多人还把Python看作一种“胶水语言”(glue language)。Python在快速开发和数据科学方面显示了其强大性,但作为一门解释型语言,运行效率是其短板,而C语言或C++在底层开发方面效率非常高。Python将需要高效实现的部分用C语言完成,并让用户无缝地调用,保证了执行效率。例如:Numpy扩展库从ndarray的构造到API实现,大都是用C语言实现的,具有较高的效率。在对效率有较高要求时,例如进行科学计算时,尽量使用Numpy以及依赖于Numpy的Pandas和Scipy等扩展库,将Python的易用性和C/C++的计算高效性进行完美结合。

1.2.4　解释型语言

解释型语言

计算机不能直接理解高级语言，只能直接理解机器语言，所以必须要把高级语言翻译成机器语言，计算机才能执行高级语言编写的程序。翻译的方式有两种：编译和解释。编译型语言的程序在执行之前需要一个专门的编译过程，把程序编译成机器语言的目标文件，例如obj文件，然后通过链接形成exe文件，才能执行。因为编译只做了一次，所以编译型语言的程序执行效率高；解释型语言的程序不需要编译，节省了一道工序，在运行时才解释，比如Python专门有一个解释器能够直接执行Python程序，每个语句都是执行时才翻译。这样解释型语言每执行一次就要重新解释，效率相对较低。但解释型语言执行到哪里，才解释到哪里，未被执行的代码不会被解释，一旦出错，也不会影响到前面已执行过的代码。例如下面的示例：

```
01 print('abcd')
02 print(a)
```

第1行语句被正确执行，打印字符串abcd，但是第2行语句因为未定义变量a而报错。对于编译型程序，整个程序因为第2行的语法错误而不能正常执行，但解释型程序第2行的错误并未影响第1行的正确执行。

解释型语言的程序在不同平台下用不同的解释器进行执行，因此Python的跨平台性得以保障；此外，解释型语言提供了更多的交互性，可以把程序分成几段，根据前面的执行情况编写或修改后继代码，继续执行。Jupyter的出现更是把这种想法体现得淋漓尽致。Jupyter将一段完整的代码切分成很多小的cell，每个cell可以独立运行，cell之间还具有连贯性，是Python学习、教学和演讲的完美工具。比如在用模块selenium进行动态网页的数据获取时，连接网页获取模拟器driver的时间较长，可以将其单独设置成一个cell，运行后一直保留，后继用其他cell解析网页、分析数据和数据可视化时，可以在交互结果下不断调整，但一直使用前面获取的driver。因此Jupyter非常适合Python学习和教学。

此外，因为解释型语言的效率相对较低，所以应尽量使用Python的内嵌函数，内嵌函数经过优化，效率比自行编写的代码效率要高，而且可以极大地提高开发速度。例如列表求和使用sum函数，求最大值使用max函数，尽量不要自行编写循环代码来完成。

1.2.5　一切都是对象

一切都是对象

Python是完全面向对象的语言，一切都是对象，包括数字、字符串、函数、模块、类等，并且完全支持继承、重载、派生、多继承，增强了源代码的复用性。Python虽然是一种面向对象的语言，但它的面向对象却不像C++那样强调概念，而是更注重实用。它用最简单的方法让编程者能够享受到面向对象带来的好处，这正是Python能像Java、C#那样吸引众多支持者的原因之一。

创建一个对象，不仅要包括数据成员和成员函数，还要包含general information，也称为头信息。例如Numpy的ndarray对象要包括dimension（维度），shape（表示各维度大小的元组）和dtype（表示数组的数据类型）等头信息。Python中，即使一个简单的整型变量，都不是仅仅存储32位或64位的数值，还要为创建对象需要的头信息分配内存，例如数据类型就保存在头信息中，因此一个整型变量占用的内存远大于4字节或8字节；列表对象中每个元素都是一个对象，列表只是存储了每个对象的引用，因此列表中的元素可以是任意类型的对象；而Numpy的ndarray将数据类型存储在头信息中，每个数据不包含类型信息，因此ndarray中的所有数据必须是类型相同。

1.2.6 小结

小结

- Python有丰富的扩展库，能非常简单地完成很多工作；
- 要根据需求选择合适的扩展库完成开发目标；
- 要多阅读Python的源代码，提高编程能力；
- 了解各种数据类型在内存分配上的区别，发挥各自的优势；
- 利用Python提供的简易数据结构完成各种算法，增加对数据结构和算法的了解；
- Python是解释型语言；
- 要多使用Python的内嵌函数，这些函数拥有更高的效率；
- Python是可以混合编程的，对效率有较高要求时可以嵌入C语言代码；
- Jupyter环境提供了更高的交互性；
- Python是完全面向对象的语言，一切都是对象。

1.3 环境介绍

环境介绍

本书中的所有代码基于Python 3.x，在Jupyter中运行。因为Jupyter支持ipython，并有一些特殊的设置和魔法命令，因此书中的示例代码并不保障在idle等简单的编辑器下能够成功运行。以下讲解Jupyter的具体安装过程和使用方法。

下载并安装Anaconda，然后运行Jupyter。

如图1.1所示，选择图中的Python 3，新建一个文件，输入以下代码，点击工具栏上的Run按钮运行程序，注意代码缩进。

```
# 打印整数的绝对值:
a = int(input())                    #例如输入100
if a >= 0:
    print(a)
else:
    print(-a)
```

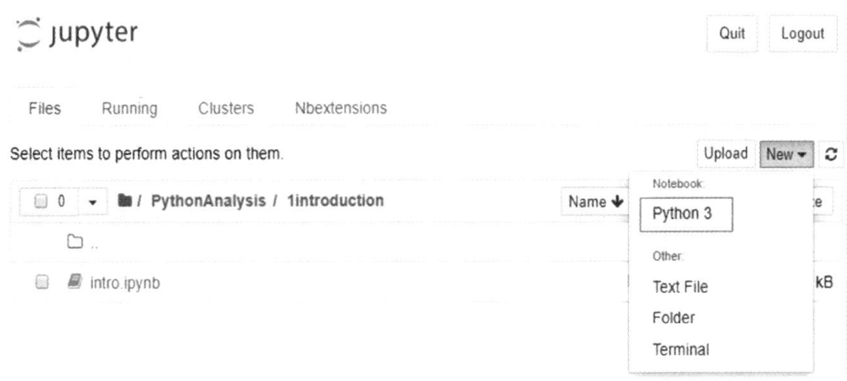

图 1.1　Jupyter初试界面

如图 1.2 所示,以#开头的语句是注释,可以是任意内容,解释器会忽略注释。其余每行都是一条语句,当语句以冒号":"结尾时,缩进的语句被视为代码块。按照约定俗成的惯例,应该始终坚持使用4个空格作为缩进。

Python以缩进形成代码块,只有保证正确缩进,程序才能正常运行。

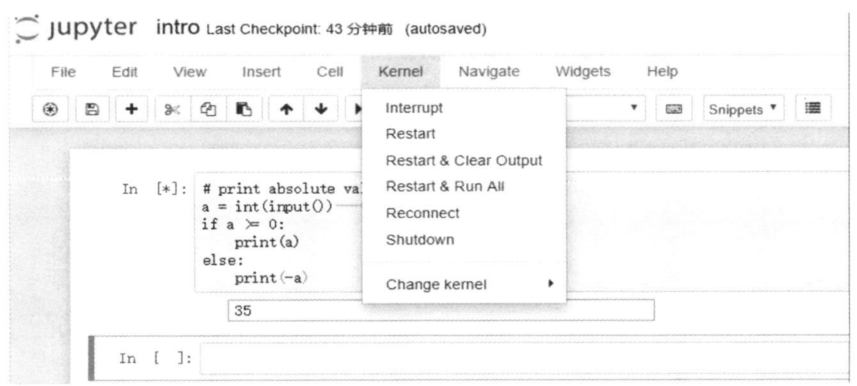

图 1.2　Jupyter的程序运行界面

对于Jupyter环境,有以下几点说明:

➢ "In [1]"方括号内的数值表示cell的执行顺序,标号相同的"Out [1]"表示对应的输出;

- "In [*]"方括号内的星号表示当前cell正在运行,尚未结束;
- 如果使用input输入,输入结束后一定要回车确认;
- 如果程序运行异常,选择Kernel菜单下的Interrupt,终止当前cell运行;选择Restart,全部运行被重置;
- 在File->Download菜单可以将文档另存为多种文件类型;
- 在Cell菜单下,有多种运行方式;
- 在Help菜单下的Keyboard Shortcuts中有Jupyter的快捷键说明,使用快捷键可以极大提高工作效率,例如:使用快捷键A可在当前cell上方插入一个cell,使用快捷键B可在下方插入一个cell。

1.4 扩展库的安装

扩展库的安装

可以在控制台上运行以下语法安装新的扩展库:

pip install库名称

在Jupyter环境中,在命令前增加感叹号!表示运行控制台命令。

```
01 !python -V                    # => Python 3.7.2
02 !pip install lxml
```

```
Collecting lxml
Downloading
    https://files.pythonhosted.org/packages/dd/ba/a0e6866057fc0bbd17192925c1d63a
b85cf522965de9bc02364d08e5b84/lxml-4.5.0-cp36-cp36m-manylinux1_x86_64.whl(5.8MB)
100% |████████████████████████████████| 5.8MB 8.4MB/s eta 0:00:01 |
1.1MB 31.8MB/s eta 0:00:01
Installing collected packages: lxml
Successfully installed lxml-4.5.0
```

运行pip list查看已安装的扩展库。

此外,还有一种离线安装库的方式,在https://www.lfd.uci.edu/~gohlke/pythonlibs/网站找到对应库文件的离线安装包,下载后用离线文件进行安装。例如安装地图库basemap,在网页上查找basemap的whl文件,并选择正确的版本,本书选择的文件名称为:

basemap-1.2.1-cp36-cp36m-win_amd64.whl

其中1.2.1表示basemap库的版本号,cp36表示Python 3.6,win表示Windows系统,

amd64表示64位系统。保存到本地电脑上，例如C:\data文件夹。然后在Jupyter中运行以下命令安装。

```
!pip install "c:\data\basemap-1.2.1-cp36-cp36m-win_amd64.whl"
```

课后作业

第一章练习题

1. 查找资料，将pip源更改为国内源，例如阿里或清华的源。Python的默认源来自国外服务器，下载速度较慢，国内源将使附加库的安装速度极大提升。

提示：在当前电脑用户主目录下新建pip文件夹，进入文件夹后Windows系统新建pip.ini文件，Linux系统新建pip.conf文件，文件中输入以下内容。

```
[global]
index-url = https://mirrors.aliyun.com/pypi/simple/

[install]
trusted-host=mirrors.aliyun.com
```

2. 在本机安装Anaconda，查找资料，修改Jupyter运行的主目录。
3. 新建一个Jupyter页面，将文件重命名为introduction，并通过菜单File->Download as->Python(.py)将当前文档转换为后缀为py的文件。
4. 运行以下代码，体会Python中对“大数运算”的支持。Python中通过内部功能增强，打破了存储范围对数据的限制，可以实现任意大小数据的运算。

```
print(342534253432453425+3453452323423)     # => 342537706884776848
```

342537706884776848

5. 输入以下代码，注意第一行魔法命令的使用，它将Jupyter当前cell代码存储为一个名为a.py的文件，打开a.py文件，查看文件的内容，并与单元格的内容进行比较。

```
%%writefile a.py
def positive(n):
    return n>0
```

6. 运行以下代码，观察出现的图形（见图1.3），体会for的使用。

```
from turtle import*
pensize(5)                              #设置笔的大小
speed("fastest")                        #设置动画的速度
for i in range(1,37):                   #循环36次
    pencolor(0.018,0.015*i,0.012)       #设置颜色（红色，绿色，蓝色）
    circle(100,360)                     #画一个圆
    right(10)                           #右转10度
done()
```

图1.3　第6题运行结果

7. 运行以下代码，观察出现的图形（见图1.4），体会while的使用。

```
from turtle import *
color("green")              #设置颜色
pensize(3)                  #设置笔大小
speed("fastest")            #设置动画的速度
i=0
while i<12:                 #循环12次以绘制12颗星星
    right(150)                  #右转150度
    forward(150)            #向前移动150步
                            #以上两个语句重复5次能绘制一颗星
    if abs(pos())<1:        #如果笔回到原始位置
```

```
    left(150)        #左转150度,为下一颗星星作好准备
    i+=1             #i加1
done()
```

图1.4　第7题运行结果

第2章　Python编程基础

教学目标：掌握Python中的基础语法、基本数据类型和输入输出方式，为使用Python进行数据分析奠定语言基础。

2.1　Python基础语法

2.1.1　Python中变量的命名规则

Python中变量的命名规则

- 变量名只能是字母、数字或下划线的任意组合；
- 变量名的第一个字符不能是数字；
- 变量名对大小写敏感。

用变量保存的数据可以有多种类型。例如，一个人的年龄可以用数字存储，名字可以用字符串存储。Python定义了一系列标准类型，用于存储各种类型的数据。

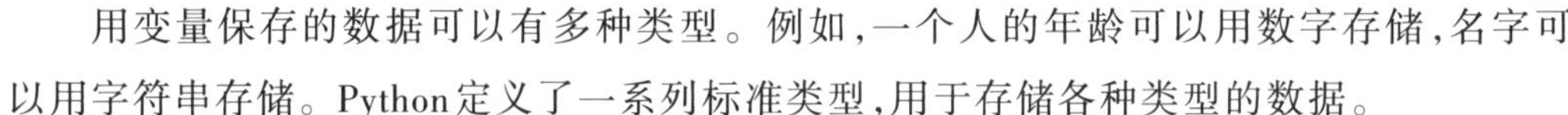

2.1.2　Python保留字

Python保留字

保留字即关键字，不能把它们用作任何标识符名称。Python的标准库提供了一个keyword模块，可以输出当前版本的所有关键字。

```
import keyword
print(keyword.kwlist)
```

['False','None','True','and','as','assert','async','await','break','class','continue','def','del', 'elif','else', 'except', 'finally', 'for', 'from', 'global', 'if', 'import', 'in', 'is', 'lambda', 'nonlocal', 'not', 'or', 'pass', 'raise', 'return', 'try', 'while', 'with', 'yield']

2.1.3　注释

注释

Python中单行注释以#开头，多行注释可以用多个#号，或三个连续的引号（单引号或双引号）。

```
# 第一个注释
print("Hello, Python!")    # 第二个注释

'''
第三个注释
第四个注释
'''

"""
第五个注释
第六个注释
"""
print("Hello, Python!")    #=> Hello, Python!
```

2.1.4　赋值

赋值

Python允许同时为多个变量赋值,也可以让多个对象指向多个变量。

```
a = b = c = 1
```

创建一个整型对象,值为1,从后向前赋值,三个变量被赋予相同的数值。从内存变化的角度来看,实际上只是为数值1分配了存储空间。a,b,c三个变量是指向同一块存储空间的三个引用。

```
a, b, c = 1, 2, "upc"
```

以上代码是将三个对象同时赋值给三个变量。

Python中对变量赋值的注意事项如下:

- Python中对变量没有显式的类型定义;
- 使用一个变量前,必须先对其进行赋值;
- Python以值为中心,为值开辟空间,变量只是对值的所在空间的引用,变量的类型存储在值的对象中;当变量被赋予新值时,就是让变量引用了值的空间,从用户角度感知变量的类型转换为新值的类型。

练习题:交换两个变量的值。

2.1.5 help函数

可以通过help函数详细查询对象或函数的详细说明,当不清楚或忘记一个函数的具体使用方法时,可以调用help函数进行查询。例如:

```
help(str)            # 运行结果过长,请自行运行并体会
help(str.replace)
```

2.2 Python基本数据类型

Python基本数据类型

Python中提供了6种基本数据类型:数字、字符串、列表、元组、集合和字典。在以下内容中,将对这6种类型分别进行详细介绍。此外,Python还提供了一种非常特殊的数据类型None,它表示空对象、无类型,当无法确定类型或将变量置空时使用。

2.2.1 数字(Numbers)

数字

Python支持整型(int)、浮点型(float)、布尔类型(bool)、复数(complex)4种数字类型。Python支持任意大的数字,使大数运算变得非常简单。

```
a, b, c, d = 20, 5.5, True, 4+3j
print(type(a), type(b), type(c), type(d))      #type( )函数用于获取变量的类型

#Python支持"大数"计算
print(342534253432453425+3453452323423)

print(True+True+False+True)
```

Python中的数值运算基本上与其他程序语言相同,增加了整除(//)和幂(**)两种运算。运算符用来表示对象支持的行为或对象之间的操作。对于复杂表达式中运算符的优先级问题,学习者不要花费太多的精力去了解,而应尽量使用小括号说明其中的逻辑,以提

高代码的可读性。

```
print(5 + 4)        # => 9
print(4.3 - 2)      # => 2.3
print(3 * 7)        # => 21
print(2 / 4)        # => 0.5     除法,得到一个浮点数
print(2 // 4)       # => 0       整数除法,得到一个整数
print(17 % 3)       # => 2       取余
print(2 ** 5)       # => 32      乘方
```

练习题:两个整数a,b。输出a-b的值,负数要有负号,$0<a,b\leq 10^{10086}$

2.2.2　字符串(String)

字符串

字符串是包含若干字符的可迭代对象。Python中不存在字符类型,字符表现为长度为1的字符串。这与C语言正好相反:C语言中只有字符类型,而用字符数组表达字符串。字符串类型的出现使很多运算变得非常简单。以下代码是字符串创建等基本运算的示例。

```
# 可以通过单引号或双引号创建字符串,两种方法创建的字符串等效
print("This is a string.")
print( 'This is also a string. ')

# 字符串间可以通过+号进行连接
print("Hello " + "world!")              # => "Hello world!"

#可以通过 * 号,对字符串进行复制,比如:
print("Hello" * 3)                      # => "HelloHelloHello"
print('-'*20)                           # => --------------------
```

字符串在Python中是不可变数据类型,可通过索引或切片读取其中的部分字符,但是不可以修改。一旦修改其中的某个字符,将会生成一个全新的字符串,并不能在原有数据上进行局部修改。图2.1展现了字符串的索引和切片的示意图。在Python中,不仅

可以从0开始从左向右进行索引,还可以从-1开始,从右向左索引。从右向左的索引方式使获取尾部字符串等操作变得更加方便。

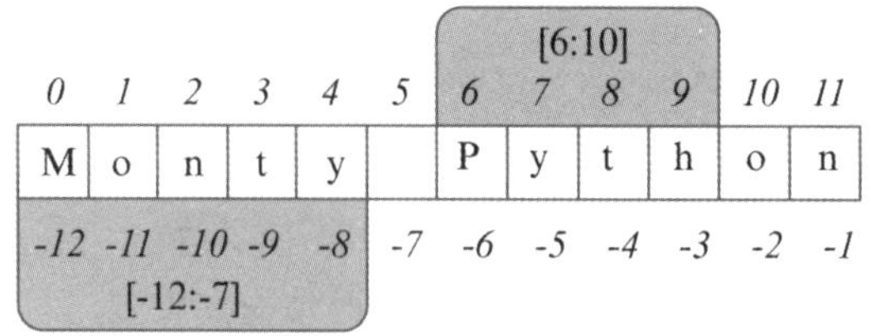

图2.1　字符串索引和切片

以下是索引的示例代码,对于字符串中的某个单个字符,可以读取,但是不可修改。

```
word ='Python'
print(word[0], word[5])      # => P n
print(word[-1], word[-6])    # => n P
```

可以对字符串进行切片,获取一段子串,具体用法为:变量[start : end : step]。截取的范围是左闭右开,从头下标start开始,到尾下标end结束,不包含end。三个部分都可以省略。省略start表示从第0个索引位置开始,省略end表示到最后一个字符结束,步长默认为1。如果步长为负数,表示从后向前进行切片,例如变量[::-1]表示将源字符串倒序。此外,字符串切片是副本,对切片的修改不影响原字符串。以下是切片的代码示例。

```
s ='ILovePython'
print(s[1:5])          # => 'Love'
#隔2个跳着取,用冒号分隔的第3个参数表示步长,通常省略
print(s[1:10:2])       # => 'LvPto'
print(s[:])            # => 'ILovePython'
print(s[5:])           # => 'Python'
print(s[-10:-6])       # => 'Love'
print(s[::-1])         # => 'nohtyPevoLI'
```

练习题:输入一个10到10000之间,同时包括小数点后一位的浮点数,例如5123.4,要求把这个数字翻转过来,变成4.3214并输出。

字符串中字符的数量是字符串非常重要的一个属性,采用函数len( )获取字符串的长度。

注意:len( )方法同样可以用于其他数据类型,例如查看列表、元组以及字典中元素的数量。

```
name = "Hello, Python"
print(len(name)) # => 13
```

练习题:给定一个字符,用它构造一个底边长5个字符,高3个字符的等腰字符三角形。例如输入*,输出形状如下:

```
*
***
*****
```

此外,字符串还有很多重要的函数,详细信息请浏览表2.1至表2.6。

表2.1 字符串转换的内置函数

方法	描述
capitalize( )	将字符串的第一个字符转换为大写
title( )	单词都是以大写开始,其余字母均为小写
upper( )	转换字符串中的小写字母为大写
lower( )	转换字符串中的大写字母为小写
swapcase( )	将字符串中大写转换为小写,小写转换为大写

表2.2 字符串判断的内置函数

方法	描述
isalnum( )	字符串中只有字母或数字
isalpha( )	检测字符串是否只由字母组成
isdigit( )	字符串是否只由数字组成
islower( )	检测字符串是否由小写字母组成
isspace( )	字符串是否只由空白字符组成
istitle( )	检测字符串中所有的单词拼写首字母是否为大写,且其他字母为小写
isupper( )	字符串中所有的字母是否都为大写

表2.3 字符串常用功能

方法	描述
replace(old, new[, max])	把字符串中的old(旧字符串)替换成new(新字符串),如果指定第三个参数max,则替换不超过max次
join(sequence)	用于将序列中的元素以指定的字符连接生成一个新的字符串。
split(str="", num=string.count(str))	通过指定分隔符对字符串进行切片,如果第二个参数num有指定值,则分割为num+1个子字符串。

续表

方法	描述
count(sub, start= 0,end=len(string))	用于统计字符串里某个字符出现的次数。可选参数为在字符串搜索的开始与结束位置。

表2.4　字符串填充和对齐

方法	参数	描述
zfill(width)	width-指定字符串的长度。原字符串右对齐,前面填充0。	返回指定长度的字符串,原字符串右对齐,前面填充0。
rjust(width[, fillchar])	1. width-指定填充指定字符后中字符串的总长度。2. fillchar-填充的字符,默认为空格。	返回一个原字符串右对齐,并使用空格填充至长度width的新字符串。如果指定的长度小于字符串的长度则返回原字符串。
center(width[, fillchar])	width-字符串的总宽度。fillchar-填充字符。	返回一个指定的宽度width居中的字符串,fillchar为填充的字符,默认为空格。
ljust(width[, fillchar])	width-指定字符串长度。fillchar-填充字符,默认为空格。	返回一个原字符串左对齐,并使用空格填充至指定长度的新字符串。如果指定的长度小于原字符串的长度则返回原字符串。

表2.5　字符串查找

方法	参数	描述
startswith(substr, beg=0, end=len(string))	str:检测的字符串。substr:指定的子字符串。beg:起始位置。end:结束位置。	用于检查字符串是否是以指定子字符串开头。
endswith(suffix[, start[, end]])	suffix:该参数可以是一个字符串或者是一个元素。start:字符串中的开始位置。end:字符中结束位置。	用于判断字符串是否以指定后缀结尾。
find(str, beg=0, end=len(string))	str:指定检索的字符串,beg:开始索引,默认为0。end:结束索引,默认为字符串的长度。	检测字符串中是否包含子字符串str,返回的是索引值在字符串中的起始位置,否则返回-1。
rfind(str, beg=0, end=len(string))	str:查找的字符串。beg:开始查找的位置,默认为0。end:结束查找位置,默认为字符串的长度。	返回字符串最后一次出现的位置,否则返回-1。

表2.6　删除空白符

方法	参数	描述
rstrip([chars])	chars-指定删除的字符(默认为空格)	删除string字符串末尾的指定字符(默认为空格)
lstrip([chars])	chars-指定删除的字符(默认为空格)	删除string字符串开头的指定字符(默认为空格)
strip([chars])	chars-移除字符串头尾指定的字符序列。	用于移除字符串头尾指定的字符(默认为空格)或字符序列。

练习题:输入一个小写字母,输出其对应的大写字母。例如输入q时,会输出Q。

2.2.3 列表(List)

列表

列表是Python中使用最频繁的数据类型之一,它写在方括号[ ]之间、用逗号分隔元素。列表中元素的类型可以不相同。使用列表可以实现很多容器类的数据结构。

和字符串一样,列表同样可以被索引和做切片,列表切片返回一个包含所需元素的新列表(副本),使用语法形式与字符串完全相同。

```
list = ['abcd', 786 , 2.23,'upc', 70.2 ]
tinylist = [123,'upc']

print(list)             # => ['abcd', 786, 2.23,'upc', 70.2] 输出完整列表
print(list[0])          # => abcd 输出列表第一个元素
print(list[1:3])        # => [786, 2.23] 从第二个开始输出到第三个元素
print(list[2:])         # => [2.23,'upc', 70.2] 输出从第三个元素开始的所有元素
print(tinylist * 2)     # => [123,'upc', 123,'upc'] 输出两次列表
print(list + tinylist)  # => ['abcd', 786, 2.23,'upc', 70.2, 123, ' upc'] 连接列表
```

与字符串不同之处在于,列表中的元素是可以改变的。

```
a = [1, 2, 3, 4, 5, 6]
print(id(a))
a[0] = 9
a[2:5] = [13, 14, 15]
print(id(a))
print(a)          # => [9, 2, 13, 14, 15, 6]
a[2:5] = []       #将对应的元素值设置为 []
print(a)          # => [9, 2, 6]
a.append(7)       #在a的末尾添加一个值为7的元素
print(a)          # => [9, 2, 6, 7]
b=a.pop()         #将a的末尾的元素赋值到b并将其从列表中移除
print(b)          # => 7
print(a)          # => [9, 2, 6]
```

练习题:对于以下列表做一个切片,只保留周一、周三和周五。

['Sunday','Monday','Tuesday','Wednesday','Thursday','Friday','Saturday']

表2.7是列表的常用函数,函数定义中的方括号表示这个参数是可选。

表2.7　列表的常用函数

函数定义	描述
list.append(x)	把一个元素添加到列表的结尾,相当于 a[len(a):]=[x]。
list.extend(L)	通过添加指定列表的所有元素来扩充列表,相当于 a[len(a):]=L。
list.insert(i, x)	在指定位置插入一个元素。第一个参数是准备插入到其前面的那个元素的索引,例如 a.insert(0, x) 会插入到整个列表之前,而 a.insert(len(a), x)相当于 a.append(x)。
list.remove(x)	删除列表中值为 x 的第一个元素。如果没有这样的元素,就会返回一个错误。
list.pop([i])	从列表的指定位置移除元素,并将其返回。如果没有指定索引,a.pop()返回最后一个元素,元素随即从列表中被移除。
list.clear()	移除列表中的所有项,等于 del a[:]。
list.index(x)	返回列表中第一个值为x的元素的索引。如果没有匹配的元素就会返回一个错误。
list.count(x)	返回x在列表中出现的次数。
list.sort()	对列表中的元素进行排序。
list.reverse()	倒排列表中的元素。
list.copy()	返回列表的浅复制,等于 a[:]。

以下是代码示例。

```
a = [66.25, 333, 333, 1, 1234.5]
print(a.count(333), a.count(66.25), a.count('x'))  # => 2 1 0
a.insert(2, -1)
a.append(333)                                      #在末尾添加一个值为333的元素
print(a)                                           # => [66.25, 333, -1, 333, 1, 1234.5, 333]
print(a.index(333))                                # => 1
a.remove(333)                                      #从左到右,删除第一个333
print(a)                                           # => [66.25, -1, 333, 1, 1234.5, 333]
a.reverse()                                        #将列表进行翻转
print(a)                                           # => [333, 1234.5, 1, 333, -1, 66.25]
a.sort()                                           #将列表中的元素按照升序进行排序
print(a)                                           # => [-1, 1, 66.25, 333, 333, 1234.5]
a = [9, 2, 6]
```

```
a.append([1, 2, 3])                          #把新列表作为一个元素添加到列表
print(a)                                     # => [9, 2, 6, [1, 2, 3]]
a = [9, 2, 6]
a.extend([1, 2, 3])                          #把每一个元素添加到列表中
print(a)                                     # => [9, 2, 6, 1, 2, 3]
```

注意 extend( )和 append( )两个函数的异同点。当插入的新元素是一个列表时，append将这个列表作为一个整体进行添加到新列表中，而extend将新列表中的每个元素逐个添加到原列表中。

例题：将一个字符串以单词为单位进行反向拼接。

```
input1 = 'I like upc'
# 通过空格将字符串分隔符，把各个单词分隔为列表，split的参数表示分隔的字符
inputWords = input1.split(" ")
print(inputWords)                        # => ['I', 'like', 'upc']

inputWords.reverse()
print(inputWords)                        # => ['upc', 'like', 'I']

output = ' '.join(inputWords)            #join 函数只能将多个字符串进行连接
print(output)                            # => upc like I
```

练习题：将一个列表[1,2,3,4,5]以逗号为分隔拼接成字符串'1,2,3,4,5'。

2.2.4　元组（Tuple）

元组

元组与列表类似，但元组中的元素不能修改。元组写在小括号( )里，元素之间用逗号隔开。元组中的元素类型也可以不相同。

注意：字符串可以看作一种特殊的元组，其中的每个元素都是一个字符。

```
tup0 = ()           # 空元组
tup1 = (20,)        # 当只有一个元素时，需要在元素后添加逗号
```

在Python中很多地方使用隐式元组,它使Python更具有灵活性。例如:

```
a, b, c = 1, 2, "upc"
#可以理解为以下代码
(a, b, c) = (1, 2, "upc")
#即两个元组的对应元素逐个赋值
```

在C语言中,很多地方都规定必须唯一,例如:赋值号的左侧只能有一个变量、函数只能有一个返回值等。Python借助隐式元组完美地解决了唯一性问题,例如在以下的代码示例中,两个变量交换值可以非常简单地用一行语句解决。

```
a,b=3,5             #多变量赋值
a,b=b,a             #交换a和b的值
print(a,b)          # => 5 3
```

2.2.5 集合(Set)

集合

集合是一个无序的不重复元素序列,构成集合的事物或对象称作元素或成员,其基本功能是进行成员关系测试和删除重复元素。可以使用大括号{ }或者set( )函数创建集合。注意:创建一个空集合必须用set( )而不是{ },因为{ }表示一个空字典。

```
student = {'Tom', 'Jim ', 'Mary', 'Tom', 'Jack', 'Rose'}
  # 输出集合,重复的元素被自动去掉
print(student)                  # => {'Mary', 'Jim', 'Rose', 'Jack', 'Tom'}

# 成员测试
if 'Rose' in student:
  print('Rose在集合中')          # => Rose 在集合中
else :
  print('Rose 不在集合中')
# set可以进行集合运算
a = set('abracadabra')
```

```
12 b = set('alacazam')
13
14 print(a)                    # => {'b', 'a', 'c', 'r', 'd'}
15 # a 和 b 的差集
16 print(a - b)                # => {'b', 'd', 'r'}
17 # a 和 b 的并集
18 print(a | b)                # => {'l', 'r', 'a', 'c', 'z', 'm', 'b', 'd'}
19 # a 和 b 的交集
20 print(a & b)                # => {'a', 'c'}
21 # a 和 b 中不同时存在的元素
22 print(a ^ b)                # =>  {'l', 'r', 'z', 'm', 'b', 'd'}
```

在使用时，要注意集合的特性，它常用来抽取一系列元素中的唯一值，并且集合是无序的，不能保证元素顺序的不变性。例如第3行中元素的顺序与第一行中的创建顺序是无关的。

练习题：读入一个以逗号分隔的字符串，去除其中重复的单词。

2.2.6　字典（Dictionary）

字典

字典是一种映射类型，它用{ }标识，它是一个无序的{键(key) : 值(value) }集合。键(key)必须使用不可变类型，而且在同一个字典中，键(key)必须是唯一的。

字典与列表的区别：列表是有序的对象集合，字典是无序的对象集合。字典当中的元素是通过键存取，而不是通过偏移存取。

```
aDict = {}
aDict['one'] = "中国石油大学"
aDict[2]    = "智能科学系"
tinydict ={'name': 'upc','code':1, 'site': 'www.upc.edu.cn'}#典型的键和值组成的集合

print(aDict['one'])          # => 中国石油大学     输出键为 'one' 的值
print(aDict[2])              # => 智能科学系       输出键为 2 的值
print(tinydict)              # =>{'name': 'upc', 'code':1, 'site': 'www.upc.edu.cn'}
```

```
print(tinydict.keys())          # => dict_keys(['name', 'code', 'site'])
print(list(tinydict.keys()))    # =>['name', 'code', 'site']  将键值集合转换为列
print(tinydict.values())        # => dict_values(['upc',1, 'www.upc.edu.cn'])
print(list(tinydict.values())) # => ['upc', 1, 'www.upc.edu.cn'] 将值集合转换为列表
```

字典的键就是一个集合(set),因此也是无序的。

注意:从Python 3.x开始,很多函数的返回结果不是列表,而是一个迭代器对象,如果直接print,会输出对象的名称。因此在本书中,为了显示输出的具体结果,都是将迭代器转换为列表进行输出。函数的真正返回结果并不是列表,但可以作为列表进行理解。

练习题:给定两个长度为3的列表key和val,分别作为键和值构建一个字典。

2.2.7 类型转换

数据类型转换是数据处理中的常见需求。表2.8中列举了常见的类型转换函数。

表2.8 类型转换函数

函数	描述
int(x[,base])	将x转换为一个整数,base默认为十进制
float(x)	将x转换到一个浮点数
str(x)	将对象x转换为字符串
eval(str)	用来计算在字符串中的有效Python表达式,并返回一个对象
tuple(s)	将序列s转换为一个元组
list(s)	将序列s转换为一个列表
set(s)	转换为可变集合
dict(d)	创建一个字典。d必须是一个(key, value)元组序列
frozenset(s)	转换为不可变集合

eval()是一个非常特殊的函数,它的参数是一个字符串,如果字符串表示的是表达式,函数会对表达式进行求值并返回计算结果。

```
print(eval('2+5*4'))  # =>22
```

给定一个合法的Python表达式构成的字符串,输出其运行结果。

2.3　数据的输入和输出

输入

2.3.1　输入

input([prompt])函数用来从标准输入读取一行文本，将回车之前的内容全部读入，返回值是文本类型。prompt表示输入提示，可省略。

```
s = input("Please input: ")          # => Please input:中国石油大学
print ("The content is: ", s)        # => The content is: 中国石油大学
```

当输入内容是一个非字符串类型时，需要进行显式类型转换。

```
num = int(input())     #如果输入为56并且想得到一个整型
print(num)             # => 56
print(type(num)) # => <class 'int'>
```

当输入是多个相同类型的变量时，可以采用map()函数进行批量转换。

```
01 s = input()                              #如果输入是'3.4, 5.6, 8.7'并且想得到三个浮点值
02 numLst = s.split(',')                    #将s用 ','分解成一个列表
03 #用函数'float'将'numLst'中的每个元素都转换为浮点型，形成一个新列表
04 resultLst = map(float,numLst)
05 a,b,c = resultLst                        #将列表resultLst中3个元素的值赋值到a,b,c
06 print(a,b,c)                             # => 3.4 5.6 8.7
07 print(type(a),type(b),type(c))           # => <class 'float'><class 'float'><class 'float'>
08 a,b,c = map(float,input().split(','))    #如果输入为"3.4, 5.6, 8.7"
09 print(a,b,c)                             # => 3.4 5.6 8.7
```

s是一个字符串，在第2行中split函数用逗号将字符串s进行分隔，形成具有三个对象的迭代器。第4行中调用map函数，将迭代器中元素依次取出，将每个对象作为float函数的输入进行处理，将float函数的结果重新生成一个新的迭代器。从第5-7行可以看出，a，b，c是三个浮点值。将以上过程在第8行中整合为了一条语句，功能与第1-7行完全相同，这是同类型多变量最常采用的输入方式。

split函数将一个字符串按照指定字符切割成多个对象。在此将'3.4,5.6,8.7'通过逗号','分隔成三个子串,分别是'3.4','5.6'和'8.7',这多个子串形成一个新的容器对象numLst。

第5行是一个解包过程。resultLst是一个迭代器,其中有三个元素,通过赋值,依次传递给a,b,c。resultLst是一个容器,是一个包含元素的整体;而a,b,c是三个独立的变量。解包就是将一个容器的元素转换为相互独立的变量。解包过程要求容器resultLst中的对象数量与等号左侧的变量数量必须相等。

map函数的原型为map(function,iterable,…),它的第一个参数是一个函数,第二个参数是一个迭代器。将迭代器中的每个元素都经过第一个参数中的函数进行处理,将所有处理后的结果形成一个新的迭代器。float是一个类型转换函数,将源迭代器中的每个元素都转换为了浮点类型。第一个参数中的函数可以是任意函数,包括自定义函数。下面的代码示例中自定义了函数increment,将元素进行加1。调用map函数后,会将源列表中的每个元素都进行加1,得到一个新迭代器。

```
def increment (x):
    return x+1

r = map(increment,[1,7,3,9])
print(list(r)) # => [2,8,4,10]
```

join函数是与split函数完全相反,它使用特定的字符将子字符串合并形成一个长字符串。要求迭代器内所有元素都必须是字符串类型,如果原来并不是字符串类型,可以采用map进行转换。具体示例如下:

```
a = ['3.4', '5.6','8.7']
print(', '.join(a))               # => 3.4, 5.6, 8.7
b = [3.4, 5,'8.7']
print(', '.join(map(str,b)))  # => 3.4, 5, 8.7
```

练习题:一行输入不确定的多个浮点数,以冒号分隔,输出元素的个数和最后一个元素。

2.3.2　输出

输出

1. print的参数

print函数是Python中标准输出的主要方式，可以通过添加参数改变输出形式。例如参数sep和end：sep表示输出多个对象时的分隔符，默认为空格；end表示结束符，默认为回车。

```
print(1,2,3)                    # => 1 2 3
print(1,2,3,sep=',')            # => 1,2,3  #逗号作为分隔符
print(1,2,end='  ')
print(3,4)                      # => 1 2 3 4   #两次print的结果会输出在同一行
```

还可以通过字符串的格式控制函数，对输出结果进行更美观的控制。具体函数使用说明参见表2.4。以下是代码示例：

```
print(str(1).ljust(3),'|',str(2).center(3),'|',str(3).rjust(3), '|',sep= ' ')     #=>1 |2| 3|
print(str(12).zfill(5))                                                           # => 00012
                                                                                  #左侧补0
```

2. 字符串格式化

Python用str.format() 函数进行输出的格式化。

方式1：大括号及其囊括的字符（称作格式化字段）将会被format()中的参数按顺序替换。

```
print('{}网址：{}'.format('中国石油大学', 'www.upc.edu.cn'))
# => 中国石油大学网址：www.upc.edu.cn
```

方式2：在大括号中的数字用于指向传入对象在format()中的位置。

```
print('{0} {1}'.format('intelligence', 'technology'))
# => intelligence technology
print('{1} {0}'.format('intelligence', 'technology'))
# => technology intelligence
```

方式3:如果在format()中使用了关键字参数,那么它们的值会指向使用该名字的参数。

```
print('{name}网址: {site}'.format(name='中国石油大学', site='www.upc.edu.cn '))
# => 中国石油大学网址: www.upc.edu.cn
```

方式4:位置及关键字参数可以任意的结合。

```
print('{0} {1} {dept}'.format('intelligence', 'technology',dept='department'))
# => intelligence technology department
```

3. f-string格式化

Python 3.6开始提供了一种f-string的输出方法,这是当前最佳的拼接字符串形式。该方法拥有强大的功能,使输出更加简洁。它的基本语法格式为:

f'<text> {<expression>[:format specifier]} <text> ...'

text指文本内容,experession是Python变量或表达式,format specifier指格式控制。格式控制可以省略,其中d或f参数分别指十进制和浮点数,具体用法与C语言相同。

```
name='ben'
age=30
sex='male'
mm,dd=7,3
job='IT'
salary=12000

print(f'My name is {name.capitalize()}.')              # => My name is Ben.
print(f'I am {age:*^10} years old.')                   # => I am ****30**** years old.
print(f'I am a {sex}.')                                # => I am a male.
print(f'My birthday is {mm:02d}/{dd:02d}.')            # => My birthday is 07/03.
print(f'My salary is ${salary:10.2f}.')                # => My salary is $  12000.00.
print(f ' The result is {dd*5+2}. ' )                  # => The result is 17.
```

从执行时间角度,f-string是目前效率最高的字符串拼接方法。

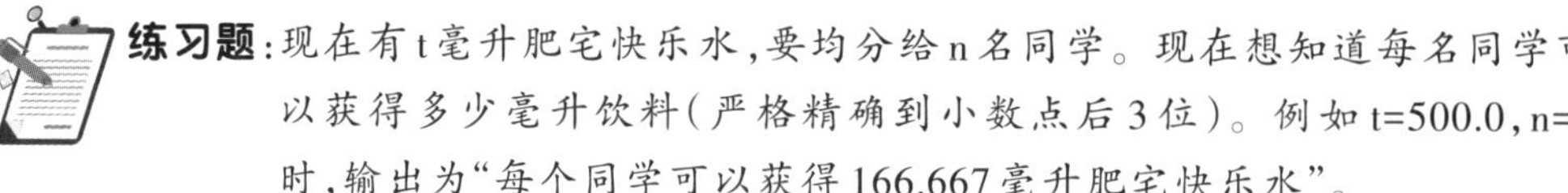

练习题:现在有t毫升肥宅快乐水,要均分给n名同学。现在想知道每名同学可以获得多少毫升饮料(严格精确到小数点后3位)。例如t=500.0,n=3时,输出为“每个同学可以获得166.667毫升肥宅快乐水”。

本章习题

1. 身份证第17位代表性别,奇数为男,偶数为女,输入一个身份证号,判断拥有人性别。
2. 身份证的7-14位代表出生日期,输入一个身份证号,按照“xxxx年xx月xx日”的格式,输出拥有人的出生日期。提示:f-string格式。
3. 判断一个输入的数据是否是对称数。
4. 输入n个整数,去除其中的重复数据。提示:set类型。
5. 输入n个整数,去除其中的重复数据,并保留原数据顺序。提示:使用sort排序,并将参数key设定为列表的函数index。
6. 一个列表由n个整数构成,用一条语句将列表进行打印(print),打印结果不包括中括号。提示:join函数。
7. 如何将一个字符串的第一个字母修改为“a”。
8. 登录网站,https://www.kaggle.com/learn/python,完成所有课程和练习,并获得如下证书(如图2.2)。Kaggle网站的profile中的Display Name请设定为“学号+姓名”。

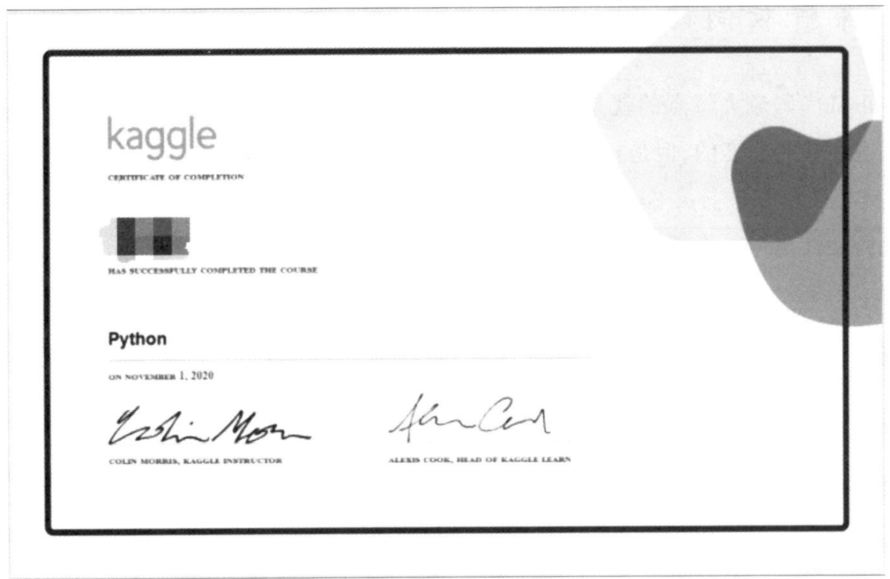

图2.2 Kaggle证书样式

第3章　基本控制结构

选择结构

教学目标：掌握使用条件控制结构和循环控制结构，理解嵌套条件控制结构、嵌套循环控制结构的流程控制过程，以及循环中断语句的作用；函数的作用和基本使用方法。

对于制结构、循环控制和函数定义，大体与其他语言相同，只是有一些语法上的变化。但是有一些具有Python特色的语法，要重点强调。例如循环与else的联合使用，列表推导式与生成式等。使用这些语法，才让代码更加Pythonic。函数作为一级对象，其复杂的使用方法带来强大的功能，这部分内容对初学者理解有些难，但是在后继章节进行复杂数据处理时，是一个利器。

3.1　条件控制结构

Python代码最大特点的就是使用缩进表示代码块，不需要使用大括号{}形成代码块。缩进的空格数是可变的，但是相同代码块的所有语句必须包含相同的缩进空格数。通常采用4个空格表示缩进。虽然有时空格和制表符的显示效果相同，但是Python中不允许空格和制表符交叉混用。为了防止制表符在不同平台上的设置不同，建议采用空格作为缩进。

```
if True:
    print ("True")
else:
    print ("False")
```

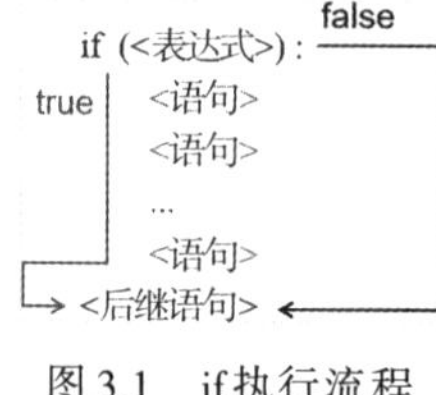

图3.1　if执行流程

如图3.1所示，当<表达式>表达式成立时，执行缩进的代码块，否则执行else部分的代码块。如果没有else部分，直接执行后继代码。无论是if-else结构，还是下一节要讲的循环结构，在执行代码缩进前的最后一条语句，都要以冒号结束，表示开始下一个层次的代码块。如果不再缩进，表示当前的代码块已经结束，进入与if平等结构的后继代码的执行。虽然缩进的空格数是任意的，但是同一个代码块的所有缩进必须相同。如果缩进不一致，程序在执行的过程中会报错。

代码缩进是一个优秀代码的标志性结构。在Python中，把代码缩进变成了一种强制性结构，对于代码规范的提升有很大的帮助。

对于多重选择，Python使用elif作为关键字，相当于else if的缩写。

```
age = int(input("请输入你家狗狗的年龄: "))
print("")
if age <= 0:
    print("你是在逗我吧!")
elif age == 1:
    print("相当于 14 岁的人。")
elif age == 2:
    print("相当于 22 岁的人。")
elif age > 2:
    human = 22 + (age -2)*5
    print("对应人类年龄: ", human)
```

Python中还有一种快捷表达方式，相当于C语言的问号表达式。

result1 if expression else result2

代码示例如下：

```
flag = int(input())             # 输入一个数字
gender ='Male'if flag%2 else'Female'
print(gender)                   # 如果flag是奇数，输出Male
```

以下是在逻辑判断中，几项需要特别注意的事项：

- 与C语言相同，非0整数值表示True，0表示False；
- Python中采用and，or，not作为“与或非”的关键字；
- 3<a<9这种复合条件的写法在C语言中是禁止的，但是在Python中是允许的。

练习题：输入一个年份，输出Y/N表示是否为闰年。

3.2 循环控制结构

while循环

3.2.1 while循环

一个循环最重要的三要素是循环变量的初始化、循环条件和循环变量的改变。图3.2展示了一个简单的while循环在http://www.pythontutor.com网站中进行可视化执行的效果。第1行是为循环变量a做初始化，第2行中a<10是循环条件，第4行中的a+=2是改变循环变量，使其向循环终止条件靠近，最终停止循环。可以在网站中实际执行代码，通过单步操作，认知循环的具体执行流程。

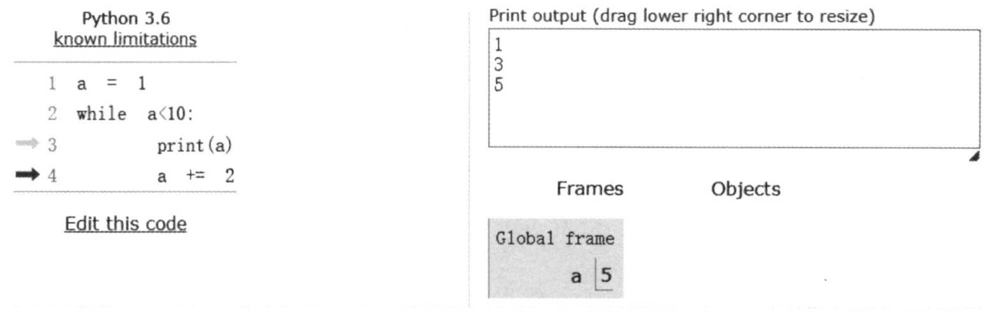

图3.2　while循环执行过程

图3.3中演示了while和if的具体执行流程，while在语法结构上与if完全相同，if只判断一次，但while会循环执行判断，直到不符合条件退出循环。循环可以跟选择结构和其他循环形成多级嵌套，完成算法的最终需求。

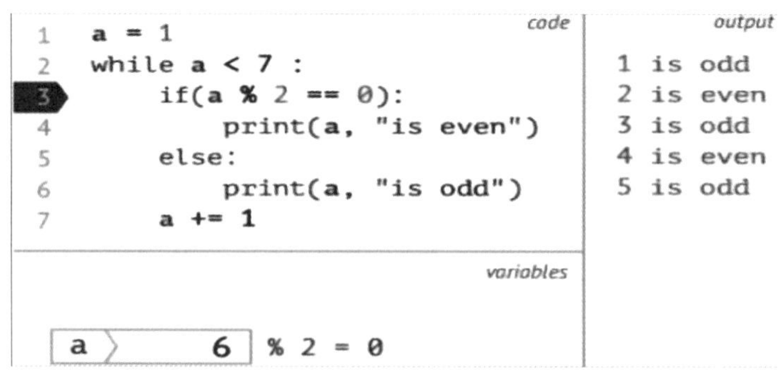

图3.3　while和if执行流程

将以下代码放到http://www.pythontutor.com中进行可视化执行，图3.4展现了list中从尾部移除元素pop()函数和从尾部添加元素append()函数的使用方法。

```python
numbers=[12, 37, 5,42, 8,3]
even = []
odd = []
while len(numbers) > 0:
    number = numbers.pop( )
    if(number % 2 == 0):
        even.append(number)
    else:
        odd.append(number)
```

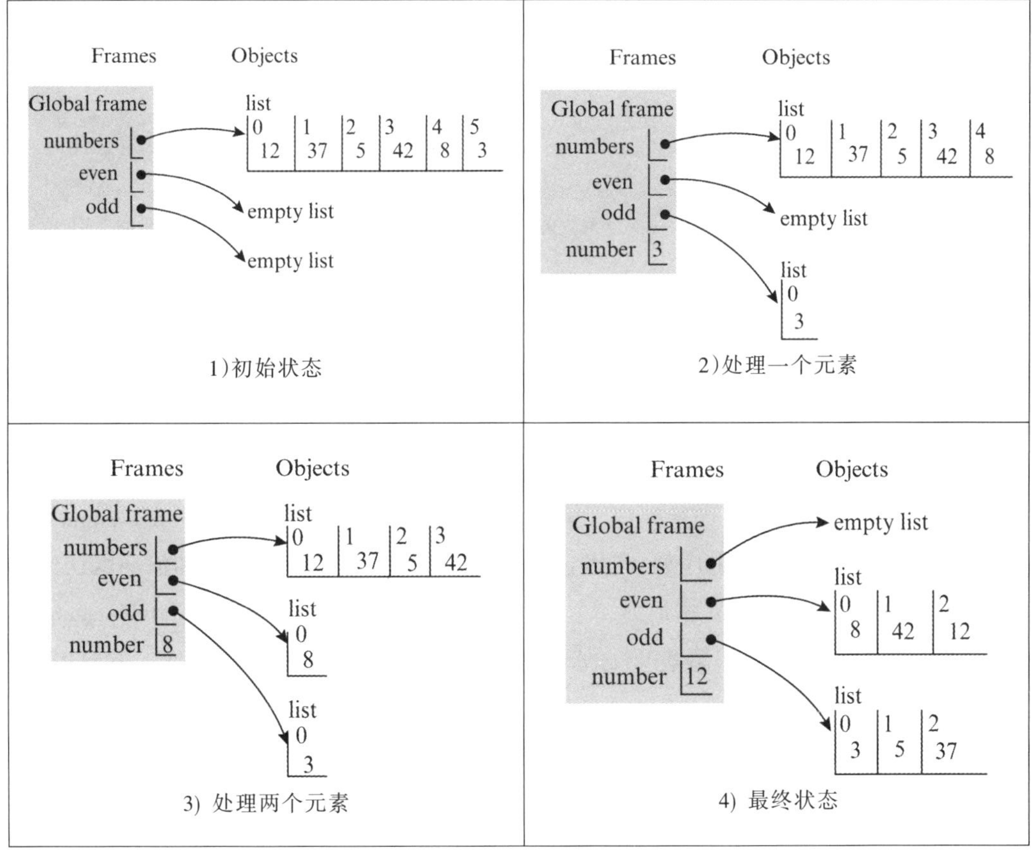

图 3.4　pop()函数和 append()函数的动画演示

练习题：已知：$S_n=1+1/2+1/3+\cdots+1/n$。显然对于任意一个整数 k，当 n 足够大的时候，$S_n>k$。现给出一个整数 k，要求计算出一个最小的 n，使得 $S_n>k$。

3.2.2 for...in循环

for...in 循环

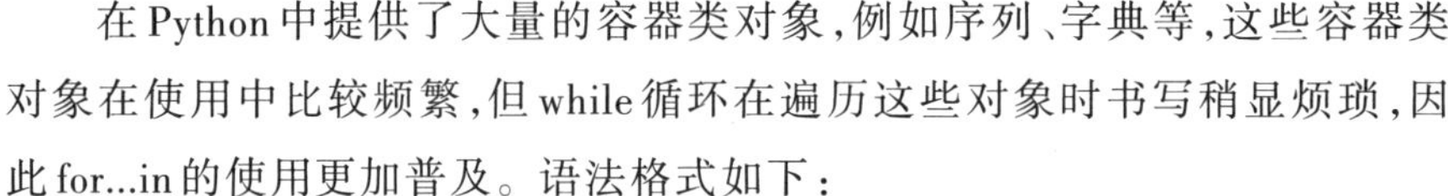

在Python中提供了大量的容器类对象，例如序列、字典等，这些容器类对象在使用中比较频繁，但while循环在遍历这些对象时书写稍显烦琐，因此for...in的使用更加普及。语法格式如下：

for 循环变量 in 迭代器对象:

  循环体

1. 遍历序列

for...in循环主要用来遍历一个迭代器中的所有元素。

```
01 languages = ["C", "C++", "Python"]
02 for x in languages:                        #迭代遍历 languages中的每个元素
03     print(x)
04 for index,x in enumerate(languages):       #enumerate生成一个从0开始的索引
05     print(index,x)
06 stars = ['**', '*', '***']
07 #zip将两个列表组合在一起，同时遍历
08 for x, a in zip(languages, stars):
09     print(x,a)
```

以上示例中，第2–3行展示了一个最简单的循环遍历，它将列表languages中的元素逐个取出，依次在循环体中进行处理。第4–5行中使用了内嵌函数enumerate。enumerate将容器类对象组成一个索引序列，利用它可以非常方便地同时获取索引和值。默认索引从0开始，也可以为enumerate添加第二个参数，自定义起始索引，例如enumerate(languages, 1)表示从1开始建立索引。第8–9行的zip函数将两个序列的对应元素构成元素对，然后由元素对形成新序列。

练习题：输入一个整数构成的列表，用for+enumerate的方式，求所有下标为奇数的元素与下标的乘积之和。

zip函数将多个迭代器进行打包，以下是其使用示例：

```
01 a = [1,2,3]
02 b = [4,5,6]
```

```
03 c = [4,5,6,7,8]
04 # 打包为元组的列表
05 zipped = zip(a,b)
06 print(list(zipped))               # => [(1, 4), (2, 5), (3, 6)]
07 # 元素个数与最短的列表一致
08 print(list(zip(a,c)))             # => [(1, 4), (2, 5), (3, 6)]
09 zipped = zip(a,b)
10 #星号*相当于解包,对于二维数组,起到转置的作用
11 print(list(zip(*zipped)))         # => [(1, 2, 3), (4, 5, 6)]
12 print(list(zip(*[a])))            # => [(1,), (2,), (3,)]
```

第11-12行zipped变量前的星号*相当于解包,对于二维数组,起到转置的作用:zipped原来为三行两列,经过zip(*)处理后,变为两行三列;[a]相当于一行三列,经过zip(*)处理后,变为三行一列。

练习题:输入为两行,每行n个整数,n不确定。用一个循环输出对应元素的乘积和。

2. 遍历字典

对于一个字典,每个元素都有键和值,形成一个pair,调用字典的items函数完成遍历。

```
tinydict ={'name': 'upc','code':1, 'site': 'www.upc.edu.cn'}
for key in tinydict.keys():             #遍历字典的每个键
    print(key,tinydict[key])
print('-'*30)
for key,val in tinydict.items():        #遍历字典的每个键值对
    print(key,val)
```

练习题:一行输入n个在0~n-1范围内的整数,空格分隔,n不确定。按照从小到大的顺序,输出所有重复的数,以逗号分隔。例如输入“1 3 2 5 3 2”,输出“2,3”。要求使用字典采用打表法的方式进行解决。

3. range函数

Python中用range([start,] stop[, step])进行创建整数序列。

```
print(list(range(10)))              # => [0, 1, 2, 3, 4, 5, 6, 7, 8, 9]
print(list(range(1, 11)))           # => [1, 2, 3, 4, 5, 6, 7, 8, 9, 10]
print(list(range(0, 30, 5)))        # => [0, 5, 10, 15, 20, 25]
print(list(range(0, 10, 3)))        # => [0, 3, 6, 9]
print(list(range(10, 0, -1)))       # => [10, 9, 8, 7, 6, 5, 4, 3, 2, 1]
print(list(range(0)))               # => []
print(list(range(1, 0)))            # => []
```

字符串会被认为是列表，每个字符是一个元素。但字符串不可修改，只能查看：

```
x ='intelligence'
for i in range(len(x)) :
    print(x[i],end=' ')         #遍历字符串x的每个字符
print()
print('-'*20)
# Python style
for ch in x:
    print(ch,end=' ')
```

4. 经典算法——洗牌算法

洗牌算法会将一个序列随机打乱，进行重新排列。Knuth-Durstenfeld洗牌算法是一种经典的算法，如图3.5所示，它保证每个数在每个位置上出现的概率相同。B站上有具体算法演示动画[①]。

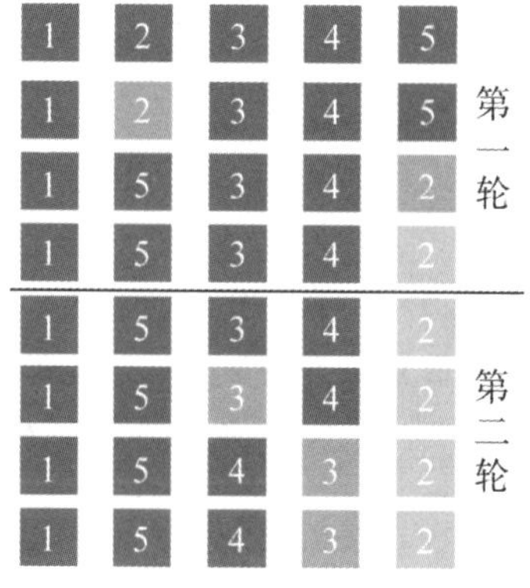

图3.5　洗牌算法

洗牌算法

① https://www.bilibili.com/video/av84127632

```
import random
#Knuth−Durstenfeld Shuffle
def shuffle(lis):
    for i in range(len(lis) - 1, 0, −1):
        p = random.randrange(0, i + 1)
        is[i], lis[p] = lis[p], lis[i]
        return lis
r = shuffle([1, 2, 2, 3, 3, 4, 5, 10])
print(r)  # => [2, 4, 3, 10, 5, 3, 1, 2]
```

random是一个随机库，其中randrange函数随机产生一个0和i+1之间的整数，不包括i+1。

思考题：请使用正向循环实现该算法，要保证每个位置的概率相等。最关键是要保证每个数在每个位置上出现的概率相同。

以上示例与库函数random.shuffle实现方式相同：

```
import random
lst = [1, 2, 2, 3, 3, 4, 5, 10]
random.shuffle(lst)
print(lst)  # => [2, 4, 3, 10, 5, 3, 1, 2]
```

3.2.3　循环与else语句

循环与else语句

循环可以与else进行结合是Python的特有语句，在循环条件为False时执行else语句块：

```
count = 0
while count < 5:
    if count%3==0:
        break
else:
    print("did not break out of the loop")
```

与循环搭配的else语句，主要用在循环有多个退出点的情况。当循环体中有一个或多个break时，如果循环正常结束，就会执行else语句。例如在进行素数判断时，如果循环体中找到因子，就会执行break退出循环，程序最终需要判断循环是因break退出，还是正常结束退出。循环与else结合，简化了判断过程。下面这段代码演示了经典的素数判断算法：

```
01 # 编程检测一个数是否为素数
02 import math
03 # To take input from the user
04 num = int(input("Enter a number: "))                # 假定为407
05 if num > 1:                                          # 素数大于1
06   for i in range(2,int(math.sqrt(num)) + 1):         # 查找因子
07     if (num % i) == 0:
08         print(f'{num} is not a prime number')        # 407不是一个注释
09         print(f'{i} times {num//i} is {num}')            # => 11 times 37 is 407
10         break
11   else:                                              # 和for对应
12     print(num,"is a prime number")
13 else:                                                # 如果输入数小于等于1,不是素数
14   print(num,"is not a prime number")
```

注意第11行的else与for匹配，而不是与if匹配。当循环正常结束时，else语句块被执行。而循环从break处退出时，不会执行else语句块。

练习题：采用循环+else的方式，判断一个列表的元素是否对称，即第i个元素与倒数第i个元素相同。

3.3 函数

函数定义和应用

3.3.1 函数定义和应用

Python中的函数定义非常简单，在实际程序开发中使用函数将单一功能进行抽取，不仅利于代码的重复使用，而且利于代码的组织。定义一个函数规则如下：

- 函数代码块以def关键词开头，后接函数标识符名称和圆括号()；
- 圆括号之间可以用于定义参数；
- 函数第一行语句可以选择性地使用文档字符串作为函数说明；
- 函数内容以冒号起始，并且缩进；
- return[表达式]结束函数，返回一个对象给调用方。不写return，或不带表达式的return相当于返回None。

```
def gender( flag ):
"""return the gender of the flag"""
    return 'Male' if flag%2 else 'Female'

print(gender(3))                        # => Male.
help(gender)
# 计算面积函数
def area(width, height):
    return width * height

w,h = 4,5
print(" area =", area(w, h))            # => area = 20
```

由于隐式元组的机制，函数的返回值可以为多个对象。以下程序中返回值的输出效果可以看出元组的存在。

```
import math
def circle(r):
    return 2*math.pi*r, math.pi*r*r

print(circle(3))              # => (18.84955592153876, 28.274333882308138)
```

3.3.2 函数是一级对象

函数是一级对象，与其他数据类型（如int）处于平等地位，它具有以下功能：

函数是一级对象

- 将函数赋值给变量；
- 将其作为参数传入其他函数；
- 存储在其他数据结构(如dict)中；
- 作为其他函数的返回值。

1. 函数是对象

由于其他数据类型(如string、list和int)都是对象，那么函数也是Python中的对象。以下示例函数foo将自己的名称打印出来：

```
def foo():
    print("foo")
```

由于函数是对象，因此我们可以将函数foo赋值给任意变量，然后调用该变量。例如，可以将函数赋值给变量bar：

```
bar = foo
bar()     # => foo
```

语句bar=foo将函数foo引用的对象赋值给变量bar，bar就具有了和foo完全相同的功能，调用bar和调用foo的作用完全相同。

2. 数据结构内的函数

函数和其他对象一样，可以存储在数据结构内部。例如，可以创建int-function的字典，即以int类型为键，以函数为值构建字典。以下示例展示了用序号调用不同的函数。

```
def add(x, y):
    return x + y
def sub(x, y):
    return x - y
def mult(x, y):
    return x * y
x = int(input( ' Input a number in 1,2,3:'))
# 存储到字典中
mapping = {1:add, 2:sub, 3:mult}       # 创建 int-function的字典
```

```
11 print(mapping[x])
12 print(mapping[x](3,5))
```

类似地，函数也可以存储在多种其他数据结构或复杂表达式中。例如将上面代码的第9行之后的部分替换成以下内容，主要体会函数的特殊使用方法：

```
print((add if x==1 else sub if x==2 else mult)(3,5))
```

3. 把函数作为参数

接收函数作为参数或返回函数的函数叫作高阶函数，它是函数式编程的重要组成部分。高阶函数具备强大的能力，允许对动作执行抽象。

```
def iterate(list_of_items):
    for item in list_of_items:
        print(item)
iterate([1,2,3])
```

这是一级抽象，将数值进行抽象，传入的数据可以是任意的容器类型。但是如果更进一步，想对操作进行抽象，例如对列表执行迭代时进行print以外的其他操作要怎么做呢？

这就是高阶函数存在的意义，创建函数iterate_custom，待执行迭代的列表和要对每个项应用的函数都是iterate_custom函数的参数：

```
01 def iterate_custom(list_of_items, custom_func):
02     for item in list_of_items:
03         custom_func(item)
04 iterate_custom([1,2,3],print)
05 iterate_custom([1,2,3], lambda x: x*x)
```

其中参数custom_func是一个函数，在第3行作为函数被调用。这看起来微不足道，但其实非常强大。已经把抽象的级别提高了一层，对行为进行抽象，使代码具备更强的可重用性。第4行将print作为第二个参数传入，使其具有了和上面iterate函数相同的功能。但是也可以传入其他函数。例如第5行传入了一个匿名函数，详细内容参见3.3.3小节，传入函数的功能是将列表中的每个元素进行平方。也就是说，custom_func可以是任意函数，在 iterate_custom 不进行修改的前提下，可以实现不同的行为。

4. 把函数作为返回值

函数还能被返回，从而使事情变得更加简单。就像在 dict 中存储函数一样，还可以根据输入参数决定合适的函数。例如：

```
01 def calculator(opcode):
02     if opcode == 1:
03         return add
04     elif opcode == 2:
05         return sub
06     else:
07         return mult
08 my_calc = calculator(2)                    # my_calc 是一个减法器
09 print(my_calc(5, 4))                       #返回 5 - 4 = 1
10 my_calc = calculator(9)                    #my_cal 现在是一个乘法器
11 print(my_calc(5, 4))                       #返回 5 x 4 = 20.
```

第 8 行和第 10 行根据输入参数选择了不同的函数 add 和 mult，因此虽然第 9 行和第 11 行的语句完全相同，但是执行的行为完全不同。

练习题：完善以下代码，让程序能够正常执行。输入为两行，第一行是一个操作符，分别表示加减乘除和取余，第二行是两个整数，空格分隔；输出为计算结果。

```
# 在这里补充代码
def calculate(op,a,b):
    assert op in '+-*/%','operator is wrong'
    return m[op](a,b)
op=input()                                 # 例如输入+
a,b=map(int,input().split())               # 例如输入 3 5
print(calculate(op,a,b))                   # 输出 8
```

3.3.3 lambda表达式

lambda表达式

Python中提供了lambda表达式,也就是匿名函数。它在以下场景中被使用:

- 需要一个函数,但是不进行专门定义;
- 函数只使用一次,专门定义一个函数会造成代码污染;
- 一次性使用函数,命名无所谓。

```
def sq(x):
    return x * x

map(sq, [y for y in range(10)])
```

可以用lambda表达式替换:

```
r = map( lambda x: x*x, [y for y in range(10)] )
list(r)
```

以下是lambda函数在使用时的注意事项:

- 不写return关键字;
- 写法比专门定义一个函数更易读;
- 如果函数体过于复杂,不适合使用lambda表达式;
- lambda表达式必须为单行。

因为函数是对象,也可以用如下方式表达:

```
01 sq = lambda x: x*x
02 print(sq(5))        # => 25
03 print(sq(3))
04 val = (lambda x: x*x)(5)
05 print(val)          # => 25
```

第1行相当于给匿名的lambda表达式进行了命名;第4行在应该出现函数的位置直接使用了一个lambda表达式

以下代码对于一个字典类型变量d按照值进行排序：

```
d = {'zhao':78,'qian':84,'sun':95,'li':81}
print(sorted(d.items(), key=lambda item: item[1]))
```

sorted()函数的参数key接收一个函数，用来确定比较的方式。对于字典而言，每个元素包含键和值两个部分，需要确定按照键排序，还是按照值排序，或者是其他方式。通过使用lambda表达式，指定了按照每个元素的第二部分进行排序，即按照值进行排序。如果将item[1]修改为item[0]，将会按照键进行排序。

下面函数提供了一种特殊的使用方式，它按照字典键的长度进行排序，例如

```
len('li')<len('sun')
print(sorted(d.items(), key=lambda item: len(item[0])))
```

练习题：输入一个字典，对字典进行排序，排序的主关键字是字典的键，次关键字是字典中值的长度，要求必须使用lambda表达式，一行代码完成排序。

3.3.4 链式调用

链式调用

网上流行一个“价值1个亿”的智能问答系统，能实现以下问答：

me：会吃饭吗？

AI：会吃饭！

me：会用Python编程吗？

AI：会用Python编程！

me：明天能来吗？

AI：明天能来！

```
#while True:
for i in range(3):
    print('AI:',input( ' me:').replace('吗','').replace( '？ ','！ '))
```

这是一种搞笑的实现方式，将输入字符串中的“吗”去掉，并将问号“？”修改成“！”。代码中比较复杂部分是input('me:').replace('吗','').replace('？ ','！ ')，用符号'.'将多个函数链接到一起，称为链式调用。可以按如下方式理解：

```
s1 = input('me:')
s2 = s1.replace('吗','')
s3 = s2.replace('？','！')
print(s3)
```

如果一个函数的返回值是一个对象，就可以调用返回对象拥有的成员函数。通过这种方式，形成调用链条。示例代码将三个函数链接到一起，形成一条语句，称为链式调用。

练习题：输入一行文本，只有大小写字母和标点符号，请将所有标点符号替换为一个空格，只允许使用一行语句。

3.3.5 函数中调用全局变量

在函数中定义的变量称为局部变量，在所有函数外定义的变量叫作全局变量，全局变量能够在所有函数中进行访问。如果在函数中修改全局变量，需要使用关键字global进行声明，否则会报错。如果全局变量的名字和局部变量的名字相同，那么函数中使用的是局部变量。

```
01 h,w = 170,20
02 def increase(delta):
03     w = delta
04     global h
05     h += delta
06
07 increase(10)
08 print(w,h)          # => 20 180
```

在以上代码示例中，h和w都是全局变量，在第7行调用后，第3行修改了w的值，第5行修改了h的值，但是从输出结果上看，全局变量w的值并没有改变，但是h的值发生了变化。这是因为在函数内部，h被声明为global，所以修改的是全局变量。w并没有声明为global，相当于在函数内部重新定义了一个同名的局部变量，当局部变量和全局变量发生冲突时，以作用范围小的变量为准，因此第3行仅仅修改了局部变量w，对全局变量w没有任何影响。

3.4 列表推导式和生成式

列表推导式

3.4.1 列表推导式

列表推导式提供了一种从序列创建列表的简单途径，它书写简单，执行效率比普通循环高，是Python学习中必须掌握的一种方法。在代码中使用列表推导式，才具备了Python的味道。

```
lst = []
for i in range(3):
    lst.append(i)
```

以上代码可以用列表推导式替换为：

```
lst = [i for i in range(3)]
```

以上代码中方括号中的部分就是一个列表推导式。

示例1：输入一个整数列表，判断每个整数是否为偶数。

```
lst = [2,5,7,8,14]
print([i%2==0 for i in lst])  # => [True, False, False, True, True]
```

示例2：新生成列表的每个元素可以是任意表达式或对象。

```
vec1 = [2, 4, 6]
print([x+2 for x in vec1])  # => [4,6,8]
print([[x, x**2] for x in vec1])   # => [[2, 4], [4, 16], [6, 36]]
```

示例3：为每个元素执行相同的操作，例如调用strip函数批量去除前导和后置空格。

```
freshfruit = ['   banana', '  berry ', 'passion fruit  ']
print([x.strip() for x in freshfruit])# => ['banana', 'berry', 'passion fruit']
```

示例4:用嵌套循环构造列表推导式。

```
vec1 = [2, 4, 6]
vec2 = [4, 3, -9]
print([x*y for x in vec1 for y in vec2])                  # => [8, 6, -18, 16, 12, -36, 24, 18, -54]
print([x+y for x in vec1 for y in vec2])                  # => [6, 5, -7, 8, 7, -5, 10, 9, -3]
print([vec1[i]*vec2[i] for i in range(len(vec1))])  # => [8, 12, -54]
print([a*b for a,b in zip(vec1,vec2)])
```

示例5:用列表推导式实现行列转换。

```
matrix = [[1, 2, 3, 4], [5, 6, 7, 8], [9, 10, 11, 12]]
print([[row[i] for row in matrix] for i in range(4)])
# => [[1, 5, 9], [2, 6, 10], [3, 7, 11], [4, 8, 12]]
```

此外,列表推导式的循环后面还可以加判断条件作为过滤器。

示例6:输入一个整数列表,把其中的偶数形成一个新的列表。

```
01 lst = [2,5,7,8,14]
02 print([i for i in lst if i%2==0])    # => [2, 8, 14]
03 a= filter(lambda x:x%2==0, lst)
04 print(list(a))
```

第2行与第3行的功能相同,都是对偶数进行筛选。filter函数是Python中的一个内嵌函数。它有两个参数,第一个参数是一个函数,返回值为布尔类型,第二个参数是一个迭代器。filter函数的功能是将容器里的所有元素用第一个参数进行判断,为真则保留,为假则去除,形成了筛选的功能。

示例7:求列表中有多少个对称数?

```
lst = [1221,2243,2332,1435,1236,5623]
sum([num==num[::-1] for num in map(str,lst)])
len([num for num in map(str,lst) if num==num[::-1]])
```

当切片的第三个参数(步长参数)为-1时,表示逆序遍历。可以通过以下三种方式实现列表的逆序。其中前两种方法生成的是副本,第三种方法改变了原有数据。前两种方法同样适用于字符串的翻转,但是字符串没有reverse方法。

```
a = [1, 2, 3, 4, 5]
print(a[::-1])                # => [5, 4, 3, 2, 1]
print(list(reversed(a)))      # => [5, 4, 3, 2, 1]
a.reverse()                   #列表a被翻转,原有数据被改变
print(a)                      # => [5, 4, 3, 2, 1]
```

练习题:用列表推导式,生成一个由31以下所有3的倍数构成的列表。

3.4.2 列表生成式

列表生成式

如果将列表推导式的方括号改成小括号,就变成了生成式。二者的执行结果相同,但是在执行过程中会有很大不同:

- 列表推导式一次性返回所有元素,生成器每次只返回一个元素;
- 当生成的元素非常多时,生成式占用的空间非常小,列表推导式占用了大量的空间;
- 列表推导式比生成式的执行效率高,在数据量比较小的时候使用;
- 当接收迭代器的函数只有一个参数时,小括号可以省略。

示例8:输入一个整数列表,输出其中偶数的个数。

```
lst = [2,5,7,8,14]
#sum函数的参数是一个生成器
print(sum(i%2==0 for i in lst))   # => 3
```

上面代码中sum函数的参数是一个生成器,sum函数计算一个列表中所有元素的累积和。因为True代表1,False代表0,所以一个布尔类型列表的累积和,就是True的个数。这种方法非常常用。

示例9:素数判断。对于3以上的奇数n,如果在3和n的平方根之间的所有奇数都不能整除n,则n为素数。

```
import math
def is_prime(n):
```

```
    if n==2: return True
    if n<2 or n%2==0: return False
    return all(n % i for i in range(3, int(math.sqrt(n)) + 1, 2))
print(is_prime(23))
```

函数all和any是进行多个逻辑值判断时的常用函数。函数all的参数为一个序列，序列中所有元素的逻辑值都为True时，返回True，否则返回False。any函数的参数中序列的任意一个元素的逻辑值为True时，返回True，否则返回False。

练习题：借鉴列表生成式的方法，构建一个字典，其中键为1~30，值为键的平方。只允许使用一行语句。

3.5　特定应用

3.5.1　保序去重

将列表中的数据去重，并保留原数据顺序。

```
01 L = [3, 1, 2, 1, 3, 4]
02 T = list(set(L))
03 T.sort(key=L.index)
04 print(T)   # => [3, 1, 2, 4]
```

首先调用set进行去重，但是set函数的返回结果是乱序的。在第3行进行排序，排序时指定参数key为列表的index方法，也就是说，将T中的每个元素经index处理后得到的结果作为排序的依据。因为3，1，2，4在列表L中的索引依次为0，1，2，5，所以保留了原数据顺序。

sort的参数key被赋值为一个函数，表示按照每个元素都被该函数处理后的结果进行排序。

3.5.2　极值的索引

计算列表中最大值的索引，可以采用以下代码：

```
L = [3, 1, 4, 2]
print(max(range(len(L)),key=L.__getitem__))  # => 2
```

在max函数中，key的作用与sort函数中的参数key相同，对key指定函数处理后的结果选取最大值。__getitem__函数表示按照索引选取对应的值，在列表中与方括号的作用相同。range创建了一个从0开始的顺序索引，按照索引依次取出对应的值，按照值进行筛选后，返回结果是最大值对应的索引。

3.5.3 元素计数

列表或字符串中元素的计数，可以采用count方法或Counter方法，详细代码如下：

```
a = [1,2,3,4,3,2,4,3,1]
#方法 1
print([(i,a.count(i)) for i in set(a)])       # => [(1, 2), (2, 2), (3, 3), (4, 2)]
#方法 2
from collections import Counter
print(Counter(a))                              # => Counter({3: 3, 1: 2, 2: 2, 4: 2})
```

利用以上的计数方法，可以实现很多特定的操作，例如以下代码查找列表中频率最高的值。其中most_common函数的参数表示从大到小列举的个数，示例中1表示只列举一个。

```
a = [1,2,3,4,3,2,4,3,1]
#方法 1
print(max(set(a),key=a.count))           # => 3
#方法 2
from collections import Counter
print(Counter(a).most_common(1))         # => [(3, 3)]
```

也可以用来检查两个字符串或列表是不是由相同元素不同顺序组成。

```
from collections import Counter
print(Counter(str1)==Counter(str2))
```

3.5.4　字典的特殊操作

通常通过“字典[键]”的方式获取对应的值,但是如果键不存在,就会出现异常错误。采用字典的get方法,当键不存在时,可以返回None或默认值,不会报错。

```
a = {'a':1,'b':2}
print(a.get('c'))          # => None
print(a.get('c',3))        # =>3
```

可以通过以下三种方法,对字典按照值进行排序:

```
a = {'a':10,'b':20,'c':5,'d':1}
print(sorted(a.items(), key=lambda x:x[1])) # =>[('d',1), ('c', 5), ('a', 10), ('b', 20)]
from operator import itemgetter
print(sorted(a.items(), key=itemgetter(1)))  # =>[('d', 1), ('c', 5), ('a', 10), ('b', 20)]
print(sorted(a, key=a.get))                  # =>['d', 'c',  'a', 'b']
```

可以采用以下三种方法,将多个字典进行合并。

```
01 a = {'a':10,'c':5}
02 b = {'b':20,'d':1}
03 print({**a,**b})                       # =>{'a': 10, 'c': 5, 'b': 20, 'd':1}
04 print(dict(a.items()|b.items()))      # =>{'c':5, 'd':1, 'a':10, 'b':20}
05 a.update(b)
06 print(a)                               #=>{'a':10, 'c':5, 'b':20, 'd':1}
```

前文在讲解zip时,提到在变量前面加星号*表示解包,但是对字典的解包需要加两个星号**。第3行就是将原来的两个字典进行解包,并融合到一个字典中。

3.5.5　累积函数 reduce

reduce函数会对参数序列中元素进行累积,定义如下:

```
reduce(function, sequence[, initial])
```

function参数是具有两个参数的函数,reduce依次从sequence中取一个元素,和上一次调用function的结果做参数再次调用function。第一次调用function时,如果提供initial参数,会以sequence中的第一个元素和initial作为参数调用function,否则会以序列sequence中的前两个元素作参数调用function,形成累积效果。

```
from functools import reduce
print(reduce(lambda x, y: x + y, [2, 3, 4, 5, 6], 1))      # => 21
#实际运算为 ((((((1+2)+3)+4)+5)+6) )
print(reduce(lambda x, y: x + y, [2, 3, 4, 5, 6]))         # => 20
#实际运算为 (((((2+3)+4)+5)+6) )
```

本章习题

1. 小明身高1.75m,体重80.5kg。请根据BMI公式(体重除以身高的平方)帮小明计算他的BMI指数,并根据BMI指数:

- BMI<18.5:过轻
- 18.5<=BMI<24:正常
- 24<=BMI<28:过重
- 28<=BMI<32:肥胖
- BMI>=32:严重肥胖

要求实现BMI函数,身高和体重作为参数,BMI指数作为返回值。然后调用BMI指数输出肥胖状况。

2. 计算一个列表中最小值的索引。

3. 如何将一个字典按照键排序输出,提示:用sort()函数。

4. 列表的每个元素是整型的数据对,利用列表推导式构建新列表,新列表中每个元素为原列表中数据对的乘积。例如输入[(1,2), (3,4),(5,6)],输出应为[2,12,30]。

5. 使用reduce函数求n的阶乘,n大于3。

第4章 内存模型和数据存储

教学目标：讲述Python各种类型对象的内存模型，了解不同类型对象的存储原理，并掌握因存储而产生的代码效率问题，保障能使用Python进行正确的数据处理。

Python是基于虚拟机的语言，因此在相关资料中很少提及其内存结构。正如二十大报告指出"坚持创新在我国现代化建设全局中的核心地位"，内存结构在一门编程语言中也处于核心地位，只有了解了内存结构才能真正掌握一门编程语言的特性。在内存分配上，C/C++是以变量为中心的，而Python是以值为中心的，这是本章的重点和难点。

C语言的变量赋值

4.1 Python的动态类型

4.1.1 C语言的变量赋值

在赋值过程中，C语言以变量为中心，当执行语句int a=*1;*时，根据数据类型int为变量a分配空间，然后将值1赋值到该空间；当赋予新值时，空间位置不变，用新值将原来的值进行覆盖；当执行语句int b=a;时，为b分配新空间，并将a的值复制过去，如图4.1所示。

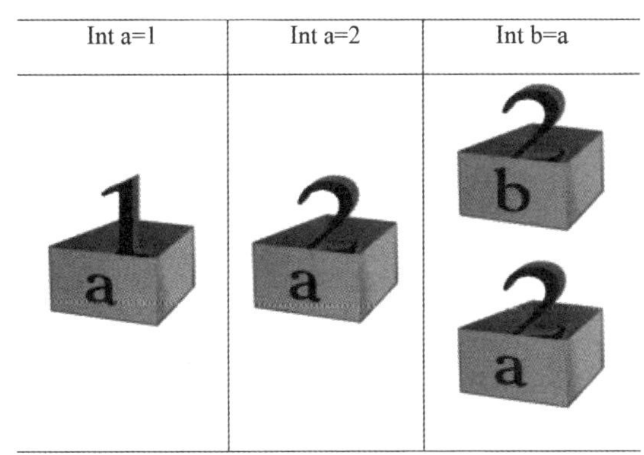

图4.1 C语言变量赋值

Python的变量赋值

4.1.2 Python的变量赋值

Python以值为中心。以图4.2为例，数值对象3单独拥有一块内存空间，变量a只是一个符号。当用数值为变量赋值时，变量自动跟数值对象3连接，称为数值对象3的“引用”。因此，变量使用前，一定要先进行赋值，被引用内存空间的值决定了变量的类型和内容，因此赋值后的变量才能参与运算。

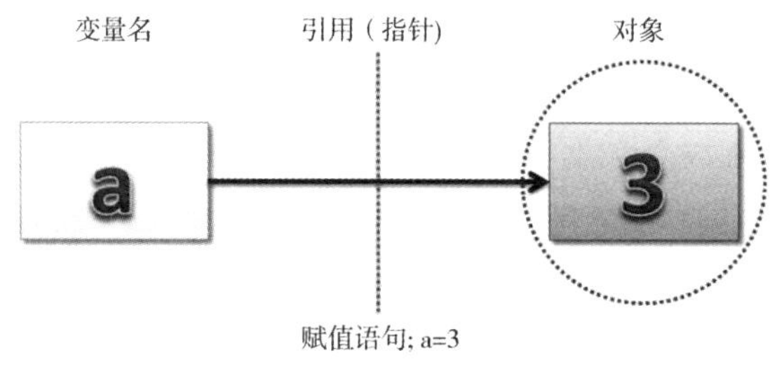

图4.2　Python变量赋值

4.1.3　对象的头信息

Python中一切都是对象，每个对象都具有头信息。Python中核心对象是用C语言实现的，打开Python源代码中的object.h，就能看到如下Object类的头信息定义：

```
typedef struct _object {
    _PyObject_HEAD_EXTRA
    Py_ssize_t ob_refcnt;              //对象的引用计数
    struct _typeobject *ob_type;       //对象类型
} PyObject;
```

从中可以看到两个重要的信息：引用计数和对象类型。Python中的所有对象都是从Object类继承，因此都具有这两条基本信息。由此得出，数据类型存储在对象中，而不是存储在变量中，一个未赋值的变量不具有类型和值。变量只是一个对象的引用，对同一个对象增加一个变量，就增加一个引用，ob_refcnt加1；同理减少一个变量，引用就减1，当引用变为0时，该对象就无法被访问，变成了无效对象，会被Python中的自动垃圾回收机制所回收，释放内存。变量被赋值的过程，称为一个对象的引用，变量指向了对象，拥有了对象中存储的类型和具体数值。这种机制使Python可以自由和动态地编码，这也是Python动态类型检测的理论基础。

如图4.3所示，整型虽然只是一个简单的数值，但也被封装成对象，具有对象的头信息。对Python中的整型变量a进行赋值1，实际上是为1创建了一个整型对象。a成为其引用后，整型对象1的引用计数为1；再赋值a=2时，并不是在原来对象1的位置将内存修改为2,而是新生成一个整型对象2,a成为整型对象2的引用,其对象引用为1。同时整型对象1的引用计数减1,变为0,被垃圾回收机制回收。将一个变量赋值给另一个变量时(例如b=a),实际上是创建了一个新引用b,整型对象2的引用计数变成2。两个变量a和b引用同一个对象,即相同的内存空间。整型对象在Python中是不可更改对象。对不可更改对象的赋值,可以理解为通过只读的指针(地址)访问存放数据的内存空间,通过变量中存放的地址访问内存。只能读,不能写,改写将导致重新分配一块内存空间,引用新空间。引用相当于只读指针。

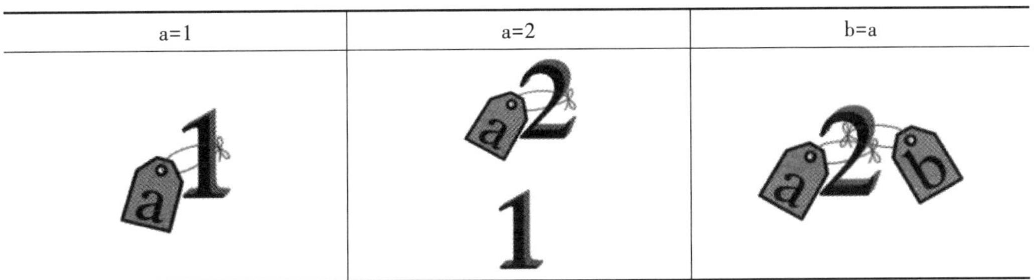

图4.3　整型变量赋值

同样,字符串也是不可更改对象,内存模型与整型一致。不能修改其中的一个或多个字符,任何修改将导致创建新的字符串对象。

下面用id()函数查看内存地址的变化。id()函数用于获取对象的内存地址。由于Python运行在虚拟机上,因此id()函数得到的地址并不是真正的物理地址,但该地址的变化依旧可以体现出内存分配的改变。

```
a=1
print(id(a))        # => 140713032544000
a=2
print(id(a))        # => 140713032544032
b=a
print(id(b))        # => 140713032544032
b=1
print(id(a),id(b))  # => 140713032544032 140713032544000
c=1
print(id(c))        # => 140713032544000
d=2
print(id(d))        # => 140713032544032
```

在以上的代码示例中可以获知:a被重新赋值后(第3行),引用的内存空间发生了变化;用a对b进行赋值后(第5行),b和a的内存空间相同,实际上两个变量是对同一块内存空间的两个引用;Python是以值为中心的,变量c和原始的a(都为1);变量d和第3行赋值后的变量a原本没有任何关系,但是因为引用的值相同(都为2),导致对应变量的空间位置相同。

4.1.4 整型的内存模型

整型的内存模型

在这一节中,以整型为例,探讨Python中一个对象的实际内存分配状况。Python中一切都是对象,为了构建一个特定的对象,需要消耗一部分内存空间,称为通用信息(General Information),也称为头信息,是构造一个对象所需要的基本信息。从上一节的分析中可以知道,头信息包括对象类型和引用计数等信息,但这只是所有对象都必须包括的基本信息。对于具体的对象,还会有额外的信息,例如Numpy的ndarray中就要包含shape和dimension信息。本节仍以整型为例进行分析,源代码在longintepr.h头文件中,以C语言实现,具体定义如下:

```
01 struct _longobject {
02        PyObject_VAR_HEAD          //头信息结构体
03        digit ob_digit[1];         //数据部分
04 };
```

从这个结构中可以明显看出,整型对象分为两个部分:头信息和数据,其中digit可以简单理解为C语言中的int类型。通过以下代码示例进行分析,其中sys模块的getsizeof()函数用于计算内存的实际占用情况。

```
01 import sys
02 from sys import getsizeof
03 print(getsizeof(0))                # =>24
04 print(getsizeof(1))                # =>28
05 print(getsizeof(-1))               # =>28
06 print(getsizeof(123))              # =>28
07 print(getsizeof(9876543210))       # =>32
```

第3行中的数组元素ob_digit为0,因此只占用PyObject_VAR_HEAD的大小,结果为24字节。第4-6行为具体的整数,需要一个int大小进行存储,而C语言中一个int类型占据4字节，因此它们对应的输出结果为24+4=28字节。Python支持长整型，理论上可以支持无限大的数，因此ob_digit是一个数组，而不是一个简单的int。当Python中的一个整型数超出表示范围时，会自动扩充。例如第7行中的9876543210超出了一个整型的表达范围，因此ob_digit自动扩充了一个元素，数组长度变为2，其存储空间变为24+4*2=32字节。

4.1.5 可变和不可变对象

Python中的对象分为可变(mutable)和不可变(immutable)两种：数值、字符串和元组是不可变的对象；列表、集合和字典是可变对象。从本质上而言，可变对象和不可变对象是一致的，所谓可变对象，都是可迭代对象，可变是指其中的子元素可以进行修改，如果进行全新的整体赋值，内存空间就完全发生了变化，其实际效果与不可变对象是相同的。

可变和不可变对象

```
lst=[1,2,3,4]                 #可变对象
print(id(lst))                # =>140240011655680
lst[1] = 8
print(id(lst))                # =>140240011655680
lst=[4,6,8]                   #全新赋值
print(lst)                    # => [4, 6, 8]
print(id(lst))                # =>140240037252288
s = "abcdefg"                 #不可变对象
s[1] =  'T '
```

```
140240011655680
140240011655680
[4, 6, 8]
140240037252288
-----------------------------------------------
TypeError                                 Traceback (most recent call last)
/tmp/ipykernel_32191/2131779955.py in <module>
      7 print(id(lst))   # =>140240037252288
      8 s = "abcdefg"
----> 9 s[1] =  'T '

TypeError: 'str'  object does not support item assignment
```

第1行创建了一个列表，是可变数据类型。第2行输出了它的地址，第3行对下标为1的元素进行修改，修改后第4行的地址发生改变。但是当第5行对lst进行全新赋值时，第7行显示它的地址发生了改变。也就是说，如果修改可变数据类型的某个元素时，地址不变；但是如果整体赋值，就会分配一个新空间。对于不可变数据类型，元素不可修改。第8行创建了一个不可变数据类型——字符串，第9行进行元素修改，运行时会报错。

4.2 列表的内存模型

列表的内存模型

列表是Python中的常见数据类型，图4.4是列表的内存模型。lst是列表的名称，如前文所述，它只是一个引用；引用lst指向的方块（List Object）是列表的空间占用，它只包含头信息和每个数值对象引用所占用的空间；头信息也称为通用信息（General Information），包含列表的对象信息，例如数据类型（type）等。列表的数据区存储元素对象的引用（图4.4中的ptr）。真正的元素对象实际上存储在列表对象之外，例如图4.4中的24, 12, 57三个整型对象（Integer Objects）。子元素的类型信息存放在子对象的空间中，因此列表的子元素可以为任意类型。

Python中一切都是对象，列表也是一个对象，它从顶级类object继承，因此它的头信息是对object头信息的扩展。即使一个列表为空列表，即没有任何数值对象，也需要占用一部分内存空间存放头信息。

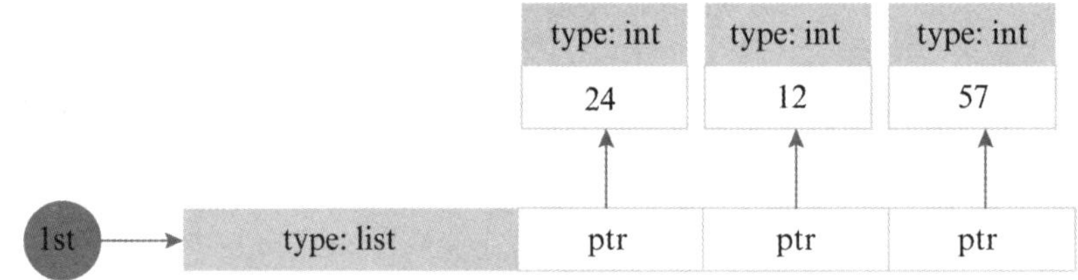

图4.4 List内存模型

Python中的列表类型不是典型的由多个节点链接而成的链表，而是一个基于数组的序列（Array-Based Sequence）。列表中并不包含子元素对象占用的空间，而是包含一个由所有子元素引用构成的数组，列表通过引用间接访问数据。Python中列表类型从表面上看可以存放不同类型的对象，但实际上数据类型是相同的，即引用类型。也就是说，数组中的每个子元素只存储了一个数值对象的引用，相当于只保存了数值对象的地址。

通过以下计算，更好地理解列表的内存占用情况。

```
from sys import getsizeof
lst = []
print("General list information: ", getsizeof(lst))
```

```
# => General list information:  64
lst = [24, 12, 57]
size_of_list_object = getsizeof(lst)   # only green box
print("Size without the size of the elements: ", size_of_list_object)
# => Size without the size of the elements:  88
size_of_elements = len(lst) * getsizeof(lst[0]) # 24, 12, 57
print("Size of all the elements: ", size_of_elements)
# => Size of all the elements:  84
total_list_size = size_of_list_object + size_of_elements
print("Total size of list, including elements: ", total_list_size)
# => Total size of list, including elements:  172
```

以上示例运行在64位的Windows系统上，每个字节8位，因此每个引用占用64/8=8字节。空list占用64字节，而初始化为3个元素的列表占用88字节，二者相差8*3=24字节，即相差为3个引用占用的空间。接下来每个整型对象占用28字节，所以[24, 12, 57]这个列表总共占用172字节。

在使用append或insert函数为列表增加新的元素时，为了提高效率，每次新增并不是仅仅为新元素的引用分配空间，而是给出一定的冗余，当冗余的空间被后继新增的元素完全使用后，再次新增空间。这种新分配空间的方法称为动态扩展。

```
from sys import getsizeof
l = []
headsize = getsizeof(l)
print('head allocated:',headsize,',size:',len(l))
for i in range(1,5):
    l.append(i)
    print('allocated:',(getsizeof(l)-headsize)//8,',size:',len(l))
l.insert(1,5)
print('allocated:',(getsizeof(l)-headsize)//8,',size:',len(l))
```

```
head allocated: 64 ,size: 0
allocated: 4 ,size: 1
allocated: 4 ,size: 2
```

allocated: 4 ,size: 3

allocated: 4 ,size: 4

allocated: 8 ,size: 5

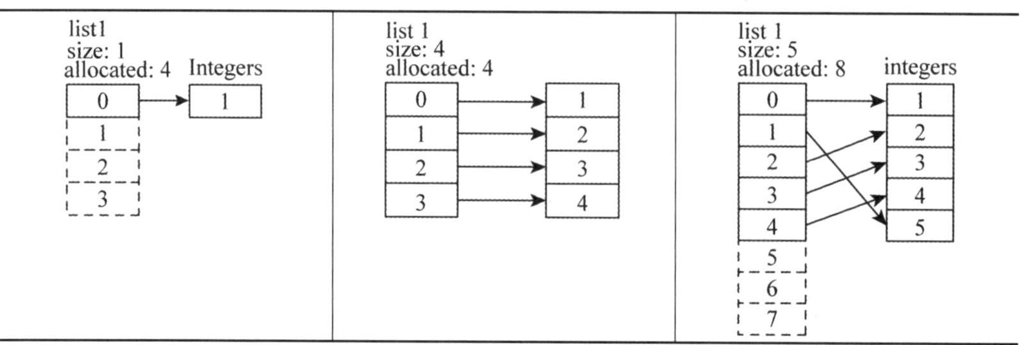

图4.5　列表空间变换示意图

列表的append操作

如图4.5所示，逐个插入5个整型数据，每个引用占用8个字节，当添加第1个整数时，分配了4个引用空间，包含冗余部分。当插入第2,3,4个整数时，分配的空间没有变化。当插入第5个整型时，预留空间已满，重新分配了4个引用空间，列表的引用空间增加到8个。当插入一个新的数值时，所有数值的存储空间并未发生变化，只是由引用构成的数组从位置1处开始全部后移一个单位，将新元素5的引用插入到新的位置上。

图4.6的示例对列表插入多种数据类型，观察存储空间的变化。

```
lst = [1,6,3.14,[1,2,3],{'a':12,'b':34},"a","abcd",'long string',('tuple','test')]
a = []
print(0, id(a),0,getsizeof(a),id(a))
for i in range(len(lst)):
    a.append(lst[i])
    print(i+1, id(a),getsizeof(lst[i]),getsizeof(a),id(a[i]))
```

```
0 1756625754952  0    64   1756625754952
1 1756625754952  28   96   1490223568
2 1756625754952  28   96   1490223728
3 1756625754952  24   96   1754750635944
4 1756625754952  88   96   1754762912968
5 1756625754952  288  128  1756624083976
6 1756625754952  50   128  1756623508680
7 1756625754952  53   128  1756623637224
```

```
8 1756625754952   60   128  1756623649968
9 1756625754952   64   192  1754762913736
```

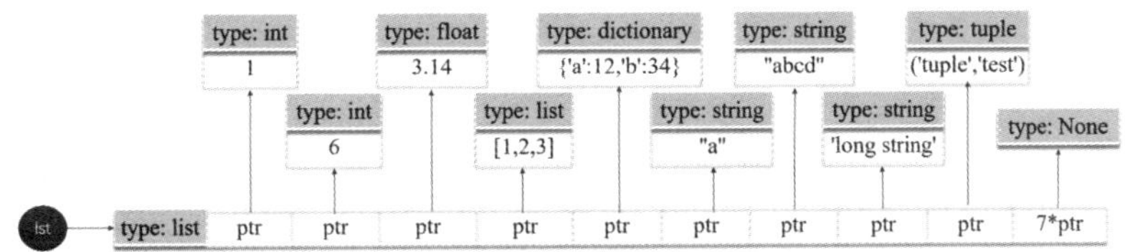

图4.6　List多种数据类型内存模型

观察以上输出结果，列表在用append函数不断增加的过程中，列表的内存位置并未发生变化（第2列的所有值相同）；由于新添加的元素的类型不同，所占用的空间也不相同（第3列）；列表的内存占用是稳步增加的，并不依赖新添加元素的类型（第4列），说明列表中存储的是引用，并不是元素本身，数据存储在列表之外，例如插入的字典占用空间为240，但整个列表占用的空间都小于这个值；第5列是列表中实际存放的值，它们是新增加元素的引用，在空间上并不连续，被分配到内存的不同位置上。从第4列还可以看出，列表并不是每新增加一个元素就分配一个空间，而是可动态扩展，实际上会比它现在的长度分配多一点空间，用来给新增加的元素，列表中还有冗余的空间，但是因为没有赋值新的对象，所以设置为None。如果预留的空间都被使用，则列表会重新向操作系统申请新的空间，新的空间比现在所有存储的元素预留多一些空间。观察输出的第1行，因为新增加元素，列表的空间从64增加到96，分配了(96-64)/8=4个引用的空间，被新增加的元素占据了1个引用空间，其他3个为冗余，指向None对象。当插入第2~4个对象时，分别占用了这些冗余空间，直到插入第5个对象时，又再次新增了128-96=32字节的空间。这就是动态扩展。每次动态扩展的新空间并不是定额的，例如192-128≠128-96。

由此可知，Python中列表保存了一个包含所有元素对象引用的数组，而不是对象本身。修改列表中的某个对象，相当于赋值了一个新的引用，列表本身不会发生改变，因此列表是可变对象。但是如果对列表整体上进行重新赋值，相当于建立了新的列表，列表的内存地址会发生改变。

```
mylist = [10,20,30]
print(id(mylist))                # => 1939399193160
print(id(mylist[0]),id(mylist[1]),id(mylist[2]))
# => 140713032544288 140713032544608 140713032544928
mylist[1]=7
print(id(mylist[0]),id(mylist[1]),id(mylist[2]))
# => 140713032544288 140713032544192 140713032544928
```

```
print(mylist)                    # => [10, 7, 30]
print(id(mylist))                # => 1939399193160
mylist = [1,2,30]
print(id(mylist[0]),id(mylist[1]),id(mylist[2]))
# => 140713032544000 140713032544032 140713032544928
print(id(mylist))  # => 1939399201864
```

从以上代码中还可以发现一个非常有趣的现象，当对mylist进行整体重新赋值后，mylist的内存地址发生了变化，但是因为新旧两个列表的第3个值都是30，是相同的，所以新旧两个列表中第3个引用的地址相同，在这个示例中都是140713032544928。进一步证明了Python是以值为中心的。

冗余新增导致列表的最后添加或者弹出元素速度快，可做堆栈（先进后出）。

```
stack = [3, 4, 5]
stack.append(6)
stack.append(7)
print(stack)                # => [3, 4, 5, 6, 7]
print(stack.pop())          # => 7
print(stack)                # => [3, 4, 5, 6]
print(stack.pop())          # => 6
print(stack.pop())          # => 5
print(stack)                # => [3, 4]
```

对于数据结构中的队列（先进先出），因为在头部弹出元素，因此并不适合直接用列表解决。Python中提供了专用的队列结构deque，以下是使用示例：

```
from collections import deque
queue = deque(["Eric", "John", "Michael"])
queue.append("Terry")                # Terry 进入队列
queue.append("Graham")               # Graham 进入队列
# The first to arrive now leaves
print(queue.popleft())               # => 'Eric'
# The second to arrive now leaves
```

队列 deque

```
print(queue.popleft())                    # => 'John'
# Remaining queue in order of arrival
print(queue)                              # => deque(['Michael', 'Terry',  'Graham'])
```

4.3　函数中的参数传递

在Python中，参数传递不存在传值或传地址的问题，形参和实参就是两个不同的变量。当参数是不可变对象时，相当于传值；当参数是可变对象时，相当于传地址。

4.3.1　参数为不可变数据类型

参数为不可变数据类型

以整型为例。整型是不可变类型，当实参对形参进行赋值时，实参与形参是对同一块内存空间的两个引用。

```
01 def changeint( a_int ):
02     "This changes a passed list into this function"
03     a_int=7;  #change the value
04     print("Value inside the function: ", a_int)
05     # => Value inside the function:  7
06
07 # 现在你可以调用 changeint 函数
08 a_int = 10;
09 changeint( a_int );
10 print("Value outside the function: ", a_int)
11 # => Value inside the function:  10
```

当对形参进行修改时(第3行)，形参指向了新的内存空间，与实参完全脱离关系，因此形参的修改不会影响实参，第4行和第10行的print结果完全不同。总而言之，当参数类型是不可变数据类型时，函数的参数传递相当于C语言里的传值方式，实参只是对形参完成了一次赋值，之后二者完全没有任何关系。当函数运行结束时，形参作为一个局部变量被释放。

4.3.2 参数为可变数据类型

参数为可变数据类型

以列表为例。列表是可变类型，当实参对形参进行赋值时，实参与形参指向相同的内存对象，该对象的引用计数加一。

```
01 def changeme( mylist ):
02     "This changes a passed list into this function"
03     mylist[1]=7;                                    #改变索引为1的元素的值
04     mylist.append(40)                               #追加一个新的值
05     print("Values inside the function:",mylist)     #=>Values inside the function:[10,7,40]
06
07 # 现在你可以调用 changeme 函数
08 mylist = [10,20]
09 changeme ( mylist );
10 print("Valuesoutsidethefunction:",mylist)  #=>Valuesoutsidethefunction: [10,7,40]
```

由于空间共享，当对形参列表中的某个元素进行改变时(第3行)，同时修改了实参。对于可变数据类型，函数的参数传递相当于C语言里的传地址方式。当函数运行结束时，形参的消失只是让实参指向的内存对象的引用计数减1。因此代码中第5行和第10行的打印结果完全相同。

4.3.3 可变数据类型重新赋值

可变数据类型重新赋值

同样是可变数据类型，如果是完全重新赋值，而不是改变某个子元素，那么执行的效果与不可变数据类型是相同的。

```
def changeme( mylist ):
    "This changes a passed list into this function"
    mylist = [1,2,3,4]                               # 这将在 mylist 中添加新的引用
    print("Values inside the function:",mylist)#=>Values inside the function: [1,2,3,4]

# 现在你可以调用 changeme 函数
mylist = [10,20,30];
```

```
08 changeme(mylist);
09 print("Values outside the function: ", mylist) #=> Values outside the function: [10,20,30]
```

如果对形参完全重新赋值(第3行),而不是修改形参中某个子元素的值,形参指向了新的列表,与实参脱离了关系。也就是说,实参和形参引用了两个完全不同的内存对象。在这种情况下,虽然在形式上形参是可变数据类型,但是实际执行效果与实参是不可变数据类型是完全相同。代码中第4行和第9行的输出结果完全不同。

4.4　深拷贝和浅拷贝

赋值分为两个层次,对象别名(即变量名)的复制,对象空间的复制。而对于复合对象,对象空间的复制又分为浅拷贝和深拷贝。为对象添加一个新的别名,即增加一个新的引用,对象空间并未进行复制;浅拷贝将复合对象的最顶层可变数据类型的空间进行了复制,而深拷贝将复合对象所有层次的各级可变数据类型的空间进行了复制。表4.1是复合对象在Python中执行浅拷贝和深拷贝的对应函数。

表4.1　拷贝

函数名称	含义
copy.copy(x)	Return a shallow copy of x
copy.deepcopy(x[, memo])	Return a deep copy of x

4.4.1　引用

引用

对一个变量进行赋值,本质上是创建了一个新引用,相当于同一块内存空间的新别名。对数值不会产生任何影响,内存空间不会被复制。

```
colours1 = ["red", "blue"]
colours2 = colours1
print(id(colours1),id(colours2))          # => 43444416  43444416
colours2 = ["rouge", "vert"]
print(id(colours1),id(colours2))          # => 43444416  43444200
print(colours1)   # => ['red', 'blue']
print(colours2)   # => ['rouge', 'vert']
```

第2行的赋值导致colours1和colours2是同一个列表对象的不同引用，因此二者地址相同（第3行）；而第4行的重新赋值导致colours2指向了另一个空间，与colours1完全脱离了关系，导致第5行打印的两个地址完全不同，所以第6行和第7行的print结果不同。

```
01 colours1 = ["red", "blue"]
02 colours2 = colours1
03 print(id(colours1),id(colours2))                # => 14603760 14603760
04 print(id(colours2[1]))                          # => 2252618321064
05 colours2[1] = "green"
06 print(id(colours1),id(colours2))                # => 14603760 14603760
07 print(colours1)  # => ['red', 'green']
08 print(colours2)  # =>['red', 'green']
09 print(id(colours1[1]),id(colours2[1]))          # => 2252618320056 2252618320056
```

列表是可变数据类型，当只是修改列表中的某一个具体元素时（第5行），只是修改了列表空间中对应引用（colours2[1]），所以第4行和第9行的地址不同。colours1和colours2还是引用相同的列表空间，因此第6行print的两个地址依旧相同，第7行和第8行的打印结果完全相同，其实将同一块内存空间的内容打印了两遍，第9行的输出结果验证了这个结论。

引用是空间共享，如图4.7所示。

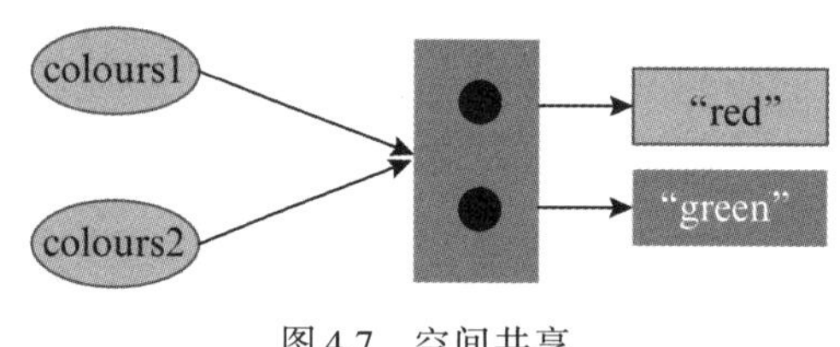

图4.7　空间共享

因此，一个变量实际是一个对象的别名，以下情况将会导致对象的引用计数加1：

- 对象被创建，例如a=11；
- 对象被引用，例如b=a；
- 对象被作为参数，传入到一个函数中，例如func(a)；
- 对象作为一个元素，存储在容器中，例如list1=[a, 12, 14]。

与之对应，下列情况将会导致对象引用计数减1：

- 对象别名被显式销毁，例如del a；

➢ 对象别名被赋予新的对象，例如 a=12；

➢ 一个对象离开它的作用域，例如函数执行完毕，其中的局部变量对象会发生这种变化；

➢ 对象所在的容器被销毁，或从容器中删除对象。

观察以下代码的输出结果，总结引用的变化情况。其中 getrefcount()函数返回一个对象的引用次数。

```
01 import sys
02
03 def func(c):
04     print ('in func function', sys.getrefcount(c))        # => 548
05
06 print (sys.getrefcount(11))                 # => 544
07 a = 11                                      # 创建一个新对象
08 print (sys.getrefcount(11))                 # => 545
09 b = a                                       # 对象被引用
10 print (sys.getrefcount(11))                 # => 546
11 func(11)                                    # 调用函数
12 print (sys.getrefcount(11))                 # => 546
13 list1 = [a, 12, 14]                         # 对象作为列表的一个元素
14 print (sys.getrefcount(11))                 # => 547
15 a=12                                        # 对象别名被赋予新的对象
16 print (sys.getrefcount(11))                 # => 546
17 del a                                       # 对象别名被显示销毁
18 print (sys.getrefcount(11))                 # => 546
19 del b                                       # 对象别名被显示销毁
20 print (sys.getrefcount(11))                 # => 545
21 print(list1[0])                             # => 11
22 del list1                                   # 列表被销毁
22 print (sys.getrefcount(11))                 # => 544
```

比较小的整数（作者测试为小于256的数）在 Python 中会被默认维护，也就是说可能被系统多次引用，导致输出结果不确定，但可以作为一个基准。当第7,9,11,13行被执行时，引用数量会增加。其中比较奇怪的是，在第11行将其传入函数时，引用计数加2（第4行），这是因为形参对实参的引用加1，此外还被保存进入了函数栈，导致引用再次加1。

当函数运行结束时，形参作为局部变量被释放，同时函数栈也释放了保留的数据，因此引用再次恢复成函数调用前的546(第12行)。第15,19,22行被执行时，引用数量对应减1。第17行显示销毁变量a时，因为a在第15行已经被重新赋值为12，所以对数值为11的对象引用并未发生变化。在第21行依旧能够正确输出结果11，这是因为虽然变量a,b虽然被销毁，但是数值为11的对象依旧存在，这也充分证明了列表中保存的是对象的引用，而不是对象本身。

4.4.2 浅拷贝

浅拷贝

在Python的基本数据类型中，列表、元组、集合和字典是复合对象。以列表为例，浅拷贝就是对列表对象内存空间进行了复制，但是如果存在第二层甚至更深层次嵌套结构列表，对应的存储空间不会被复制。Python对列表对象可以使用切片形成浅拷贝。

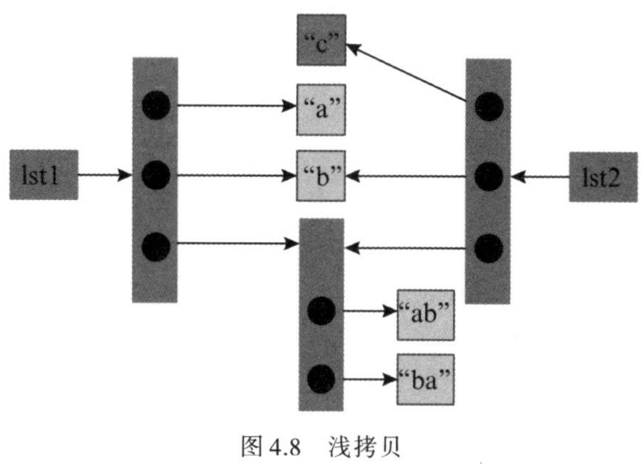

图4.8　浅拷贝

```
01 lst1 = ['a','b',['ab','ba']]
02 lst2 = lst1[:]
03 lst2[0] = 'c'
04 print(lst1)   # =>['a', 'b',['ab', 'ba']]
05 print(lst2)   # => ['c', 'b',['ab', 'ba']]
06
07 lst2[2][1] = "d"
08 print(lst1)   # => ['a', 'b',['ab', 'd']]
09 print(lst2)   # =>['c', 'b',['ab', 'd']]
```

如图4.8所示，当执行第2行代码时，lst2成为lst1的浅拷贝，lst1的第一层对象空间被复制，但是嵌套的子列表['ab', 'ba']的空间依旧被二者共享。当第3行被执行时，只有lst2的子元素lst2[0]对应的引用被修改，但是因为lst1和lst2的头信息相对独立，因此对lst1不产生任何影响。当执行第7行语句时，因为嵌套的子列表的内存空间并没有被复制，lst1[2]和lst2[2]是指向相同对象空间的两个不同引用，所以虽然只是修改了lst2[2][1]，lst1[2][1]也跟随进行了改变（第8行）。

4.4.3　深拷贝

深拷贝

深拷贝与浅拷贝的最大不同在于，深拷贝采用递归方式，对所有子列表的对象空间都进行了复制。如图4.9所示，每个列表对象空间中记录了所有子对象的引用，因为深拷贝是一种复制操作，所以当深拷贝完成后，每个列表对应的对象空间里的子对象引用数据都是完全相同的，但是源列表与副本的对象空间相互独立，对每一层子对象的修改都是互不相关的。Python中采用deepcopy函数进行深拷贝。

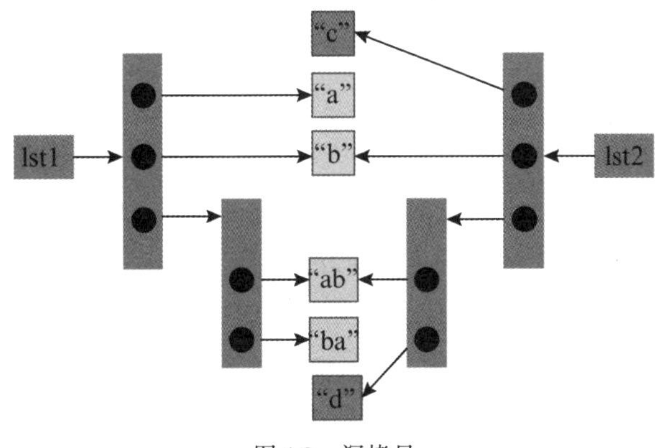

图4.9　深拷贝

```
from copy import deepcopy
lst1 =['a','b', [ 'ab','ba']]
lst2 = deepcopy(lst1)
print(lst1)              # => ['a', 'b', ['ab', 'ba']]
print(lst2)              # =>['a', 'b', ['ab', 'ba']]
print(id(lst1))          # => 139716507600200
print(id(lst2))          # => 139716507600904
print(id(lst1[0]))       # => 139716538182096
print(id(lst2[0]))       # => 139716538182096
print(id(lst2[2]))       # => 139716507602632
```

```
11 print(id(lst1[2]))          # => 139716507615880
12
13 lst2[2][1] = "d"
14 lst2[0] = "c"
15 print(lst1)                 # => ['a', 'b',['ab', 'ba']]
16 print(lst2)                 # =>['c', 'b',['ab', 'd']]
```

第4-5行显示两个列表的内容相同;第6-7行显示二者的id不同,因此占用了不同的内存空间。第8-9行的id相同,是因为Python中是以值为中心,相同的值在内存中只会存储一份,lst1[0]和lst2[0]是对相同数据“a”的两个不同引用,当第14行改变lst2[0]时,lst2更新了引用,但是对lst1不产生任何影响。第10-11行显示对子列表的头信息也产生了新的副本对象,当第13行改变lst2[2][1]时,对lst1不产生任何影响。因此第15行和第16行的输出结果不同。

4.4.4 小结

- 浅拷贝和深拷贝是针对复合对象而言,即拥有子级可变数据类型;
- 复合对象的本身和所包含的子对象分离存储;
- 对象本身只是保存了子元素的引用;
- 赋值并没有创建新对象,只是生成了一个新引用;
- 浅拷贝创建了新对象,但是只创建了一层副本;
- 深拷贝通过递归调用,为每一层子对象都产生了新副本。

小结

表4.2 复制类型

复制类型	references
引用	没复制
浅拷贝	复制一层
深拷贝	复制所有层

4.5 字符串拼接性能分析

如要把文档中的所有字母字符取出组成一个新字符串,可以遍历字符串,依次判断,如果对应的字符为字母字符,就将其拼接到新的字符串上。以下代码演示了具体执行过程:

字符串拼接性能分析

```
document = input()
letters = ''
for c in document:
    if c.isalpha():
        letters += c
```

这段代码是非常低效的。因为string类型是不可变数据类型，每次执行letters+=c，都要重新创建一个字符串，然后对letters重新赋值，使其引用一个新的内存空间。开辟新空间相对比较耗时，每次创建一个字符串的时间与该字符串长度呈线性关系，所以总共需要 1+2+...+n ＝ O(n*n)的时间。

使用一个列表代替字符串拼接，最后再一次性形成新字符串，时间复杂度将减小为 $O(\mathrm{n})$。这主要是因为列表是可变数据类型，新添加元素不会完全重新开辟存储空间。

```
temp = []
for c in document:
    if c.isalpha():
        temp.append(c)
letters = ''.join(temp)  # => 时间复杂度仅为O(n)
```

实际上即使是每次对列表进行append操作，仍然可能需要多次动态扩建列表，效率不如直接使用列表推导式。列表推导式根据所创建的新列表长度，一次性分配存储空间，因此时间复杂度降为 $O(1)$。

```
letters = ''.join([c for c in document if c.isalpha()])
```

以上代码依旧需要先生成一个列表，然后进行拼接，当字符串比较长时，列表也需要占用较大的存储空间。可以使用生成式代替推导式。生成式在计算的过程中，每次只生成一个新字符，因此降低了空间消耗。

```
letters = ''.join(c for c in document if c.isalpha())
```

因为字符串是不可变数据类型，所以要对字符串进行操作时，可以先将字符串转化为列表，然后对其进行修改，操作完成之后再重新赋值给字符串。Python中采用list函数将字符串转为列表,如list('bird')可以得到['b', 'i', 'r', 'd']。反过来列表转为字符串则可以通过' '.join(['b','i','r','d'])实现。

4.6 文件处理

文件处理

4.6.1 打开文件

文件打开的标准格式为:open(file, mode='r', encoding=None)。其中file为文件的相对或绝对路径。文件路径中经常包含 '\' 符号, '\' 在字符串中是转义字符的标志,例:字符串'\n'转义为回车换行。为了去除转义字符,可以在字符串前加r表示此字符串为原样解释,不转义。r是英文单词raw的缩写,即原始的字符串。

```
print(r'c:\next\text.txt')   # => c:\next\text.txt
```

mode为文件打开模式,常用的有 'r'(读), 'w'(写), 'a'(追加)。encoding为文件编码,最常见的是utf8。

```
01 fo = open("foo.txt", mode="w")          # 打开一个文件
02 fo.write( "Python is a great language.\nYeah its great!!\n")
03 fo.close()                               # 关闭已打开的文件
Python is a great language.
Yeah its great!!
```

上面的示例创建了一个foo.txt文件,因为是相对路径,文件会创建到当前程序所在的目录下。把第2行给定的字符串写入到文件中,第3行关闭文件。然后在编辑器中打开这个文件,会看到写入的内容。

4.6.2 读取文件

read([size])函数把一个字符串写入到指定的变量:

```
fo = open("foo.txt", "r+")  # ' '模式 '+ '表示从头部开始操作
str = fo.read(10)  #仅读取10个字节的内容
print("Read String is : ", str)  # => Read String is :  Python is
```

```
fo.close()  # Close opend file
```

readline()函数每次从文件中读取一行。

```
with open("foo.txt", "r+") as fo: # ' '模式 '+ '表示从头部开始操作
    str = fo.readline()  #读取一行内容
    print("Read String is : ", str)  # => Read String is :  Python is a great language.
```

with是一种常见的打开文件的方法,并被强烈推荐。一个文件被打开后,必须调用close()方法进行关闭,而采用with方法将会自动关闭文件对象。

在上面两个示例中,foo.txt是一个相对路径的文件名,表示从当前程序所在目录中读取文件。读取前,需要确保文件已经在当前目录下,否则运行会报错。

在jupyter环境中,可以采用文件上传的方式把文件上传到当前目录下,如图4.10所示。

图4.10　jupyter文件上传

在浏览找到文件后,需要进一步确认上传,如图4.11所示。

图4.11　确认文件上传

4.6.3　管理文件

在Python中,可以采用os库管理文件,包括文件的重命名、删除文件、创建目录、删除目录和判断文件是否存在等。以下代码展示了详细的使用方式。

```
import os
# 将 'text1.txt '重命名为 'text2.txt '
os.rename( "test1.txt", "test2.txt" )
```

```
# 根据文件名称删除文件
os.remove("text2.txt")
# 在当前文件夹中创建文件夹
os.mkdir("newdir")
# 删除文件夹
os.rmdir('dirname')
# 展示当前工作文件夹
os.getcwd()
# 判断文件或文件夹是否存在
os.path.exists(test_file.txt)
```

4.7 pathlib 库管理文件

pathlib库管理文件

pathlib 库从 python 3.4 开始成为内嵌库，因为其良好的可读性，成为更好的文件管理库，推荐使用。以下是pathlib的简单使用方法：

```
from pathlib import Path
path = Path("foo.txt")
with path.open('w',encoding='utf8 ') as f:        # 打开一个文件
    f.write( "pathlib is better.\nYeah its great!!\n")
with path.open('r',encoding='utf8') as f:
    str = f.readline()                              #读取一行内容
    print("Read String is : ", str)                 # => Read String is :  pathlib is better.
```

实际上，Path对象已经包含了文件的物理路径，如果不需要设置encoding信息，不需要执行open即可操作。Path对象提供了专门的读写函数read_text和write_text，使文件访问操作更加简洁。因此以上代码还可以进一步简化为：

```
from pathlib import Path
path = Path.cwd() / "foo.txt"
path.write_text("pathlib is better.\nYeah its great!!\n")
print(path.read_text())
```

Pathlib提供了丰富的文件管理函数：

- Path.cwd(): 返回当前工作路径
- Path.home(): 返回当前用户的根目录
- Path.stat(): 返回路径的状态信息
- Path.chmod(): 修改文件的模式和权限
- Path.mkdir():创建新的文件夹
- Path.open(): 打开文件
- Path.rename(): 对文件或文件夹进行重命名
- Path.rmdir(): 删除空的文件夹
- Path.is_dir(): 如果路径是一个文件夹,返回True
- Path.is_file(): 如果路径是一个标准文件,返回True
- Path.glob(pattern): 在当前路径下,采用给定的模式pattern,获取所有匹配的文件

pathlib对文件具有更丰富的应用：

- .name: 没有任何路径的文件名
- .parent: 包含当前文件的路径
- .stem: 不包含后缀的文件名
- .suffix: 文件的扩展名
- .anchor: 驱动器名称

```
# path combination
path = Path('C:\jupyter') / 'course' / 'foo.txt'
print(path)                  # => C:\jupyter\course\foo.txt
print(path.name)             # => foo.txt
print(path.stem)             # => foo
print(path.suffix)           # => .txt
print(path.parent)           # => C:\jupyter\course
print(path.parent.parent)    # => C:\jupyter
print(path.anchor)           # => C:\
```

使用pathlib可以产生一些非常有趣的应用：

1)将当前目录下的所有后缀为ipynb的文件提取出来并进行排序。

```
sorted(Path('.').glob('*.ipynb'))
```

其中Path中的路径为'. ',表示当前目录。'..'表示当前路径的上一级目录。这两种访问方式在路径处理中常见。尤其在Unix和Linux系统中,经常采用'./文件名'的方式表示当前目录下的某个文件。glob函数表示按照条件进行筛选。'*.ipynb'中的'*'表示任意字符,因此该模式表示任意后缀名为ipynb的文件。在获得这些文件后,采用sorted函数进行排序。以下是它的输出结果。

```
[WindowsPath('01intro.ipynb'),
WindowsPath('01intro_slide.ipynb'),
WindowsPath('02 basic.ipynb'),
WindowsPath('03control.ipynb'),
WindowsPath('04datahandle.ipynb'),
WindowsPath('05object.ipynb'),
WindowsPath('06dataget.ipynb'),
WindowsPath('07numpy.ipynb'),
WindowsPath('08visualization.ipynb'),
WindowsPath('09pandas.ipynb')]
```

2)获取当前文件夹下最后一个被修改的文件的内容

```
max((f.stat().st_mtime, f) for f in Path('.').iterdir())[1].read_text(encoding='utf8')
```

Path('.').iterdir()表示枚举当前文件夹下所有的文件。然后将所有文件进行循环遍历,构造一个生成式。在这个生成式中,每个元素有两个分量(f.stat().st_mtime, f),f表示文件本身,f.stat()表示文件的状态,而st_mtime从状态中获取它的最后修改时间。当从这个生成式中获取最大值时,因为最后修改时间是第一项,所以首先被比较。最后修改的文件时间最大,通过max函数就可以得到这个元素。得到元素的第二个分量f表示文件本身,用索引[1]进行获取。最后调用read_text函数读取文件的内容,文件的编码是utf8。

以上语句是一个链式调用,关于链式调用的细节可以参考第3.3.4节。为了更清晰地查看这个过程,上面的单行语句可以分解为以下形式:

```
gen= ((f.stat().st_mtime, f) for f in Path('.').iterdir()) #遍历当前目录下的所有文件,构造生成式,其中每个元素有两个子项:文件的修改时间和文件本身。
file=max(gen)[1]  #获取时间最大元素的第二个子项,也就是最近被修改的文件
file.read_text(encoding='utf8')  #读取文件内容
```

4.8 Json的使用

Json的使用

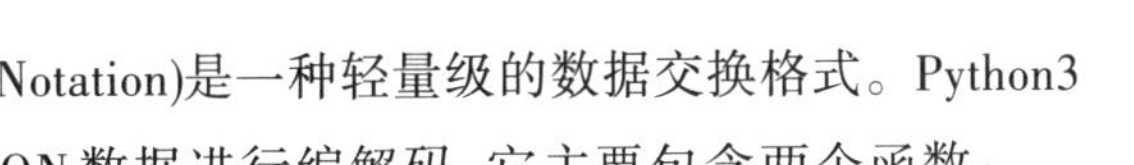

JSON(JavaScript Object Notation)是一种轻量级的数据交换格式。Python3中可以使用json模块来对JSON数据进行编解码,它主要包含两个函数:

- json.dumps(): 对数据进行编码。
- json.loads(): 对数据进行解码。

```
import json
# Python 字典类型转换为 JSON 对象
data = {
    'no' : 1,
    'name' : 'Runoob',
    'url' : 'http://www.runoob.com'
}
json_str = json.dumps(data)
print ("Python 原始数据:", data)
print ("JSON 对象:", json_str)
print(type(data), type(json_str))
# 将 JSON 对象转换为 Python字典
data2 = json.loads(json_str)
print ("data2['name']: ", data2['name'])
print ("data2['url']: ", data2['url'])
```

通过以上示例可以看出,json模块可以用dumps函数将Python对象转换为字符串,并可以从一个正确格式的字符串中,通过loads将其加载成为一个内存对象。

同样,可以将Python对象和JSON文件之间进行转换,使用json.dump()和json.load()编码和解码JSON数据。

```
# 写入 JSON 数据
with open('data.json', 'w') as f:
    json.dump(data, f)

# 读取数据
```

```
with open('data.json', 'r',encoding='utf8') as f:
    data = json.load(f)
```

Python中的None会被转换为JSON中的null。

本章习题

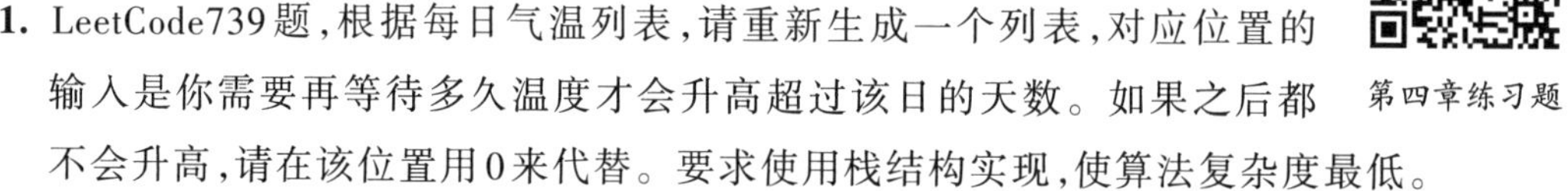

第四章练习题

1. LeetCode739题，根据每日气温列表，请重新生成一个列表，对应位置的输入是你需要再等待多久温度才会升高超过该日的天数。如果之后都不会升高，请在该位置用0来代替。要求使用栈结构实现，使算法复杂度最低。

   例如，给定一个列表T= [73, 74, 75, 71, 69, 72, 76, 73]，输出应为 [1, 1, 4, 2, 1, 1, 0, 0]。

   伪代码如下：

```
def dailyTemperaturesStack(T):
     length为T的长度
    result为结果，长度与T相同，默认值为0
    stack为栈
    for i in range(length):
        while(如果栈不为空且T[i]大于栈顶元素):
            t等于弹出的栈顶元素
            result[t]=i-t
        将i压栈
return result
```

   请将伪代码转换为Python代码。栈是先进后出的数据结构，参考第4.2节。

2. 从键盘输入一些字符，逐个把它们写到文件inputchar.txt中，直到输入一个 # 为止。
3. 有两个磁盘文件A和B，各存放一行字母，要求把这两个文件中的信息合并(按字母顺序排列)，输出到一个新文件C中，要求使用pathlib库。

   例如：A文件中内容：fca，B文件中内容：ebd，那么文件C中的结果应该为abcdef。
4. 将student.txt文件转换为JSON文件格式，并保存为student.json。student.txt文件每行内容的格式为：

```
时间          姓名 学号 : 发言内容
以下是student.txt文件的前三行内容:
09:54:13     张三 1907040115 : 11111
09:54:17     李四 1907040220 : 22222
09:54:20     张三 1907040115 : 233
```

JSON文件的格式如下,当出现重复学号时,只保留该学号第一次出现的内容:

```
{
    "1907040115":{
        "Name": "张三",
        "Time": "09:54:13",
        "Content": "11111"
    },
        "1907040220":{
        "Name": "李四",
        "Time": "09:54:17",
        "Content": "22222"
    }
}
```

5. 从教材的资源文件中,获取完整的student.txt文件,使用csv库将其保存为student.csv文件。csv库的使用方法请自行查找资料学习。输出每位同学的发言次数,按学号顺序输出。

例如:

张三:2次

李四:1次

6. 从教材的资源文件中,获取namelist.csv文件,该文件是所有同学的名单列表。与student.csv文件进行对比,按学号顺序列出缺席同学的学号和姓名(在namelist.csv文件中,但不在student.csv中)。

7. Jupyter的ipynb文件,本质上就是一个JSON文件。它以cells作为根节点,控制所有的内容。用记事本打开资源文件中的test.ipynb文件,查看源代码,了解ipynb文件的结构,然后完成函数fun7。函数输入文件名file_jupyter,第n个cell的序号cell_no,第n行

line_no的起始位置start和终止位置end,返回对应的字符串。

```
import json
def fun7(file_jupyter='test.ipynb',cell_no=0,line_no=0,start=0,end=-1):
    pass
```

第5章　面向对象

教学目标：介绍Python面向对象的基本概念，熟练掌握类与实例的区分、类的定义、继承、封装和多态，从而更深刻地了解Python的构造。

面向对象

Python中一切皆对象，了解其面向对象的基本概念，才能对后继章节中的复杂的数据类型和函数调用有更清晰的概念。Python在自定义对象时简洁方便，但是因为一些特殊原因，也与其他编程语言存在很多不同，例如不存在绝对的私有变量。装饰器是一个高级概念，是一种设计模式，理解有难度，建议选学。

5.1　类与对象的基本概念

类与对象的基本概念

面向对象编程（Object Oriented Programming，OOP）是一种非常重要的程序设计思想，它把计算机程序视为对象的集合，每个对象都拥有数据成员和行为，当接收到其他对象发过来的消息时，对这些消息进行相应的处理，程序的执行就是一系列消息在各个对象之间的传递。

Python是面向对象的动态型语言，与C语言等其他面向过程的语言不同，它有一个非常重要的概念，一切皆对象！如图5.1所示，无论是内嵌数据类型int和str，还是复合数据类型列表和字典，甚至函数和类，都是按照对象进行构造。以int为例，一个int对象在64位Win10计算机上占据28字节，其中真正的数据仅占据4字节，其他部分都是为构造int对象所需要的头信息。第四章讲解列表的内存原理时所提到的头信息，也是为了构造列表对象而占据的空间。只有充分了解Python一切皆对象的概念，才能有效地进行Python学习的进阶。本章介绍Python面向对象的基本概念，熟练掌握类与实例的区分、类的定义、继承、封装和多态，从而更深刻地了解Python的构造。

类是抽象的模板（人），实例是根据类创建出来的具体对象（张三）。每个类都有基本成员：数据成员（眼睛、耳朵、腿）和行为（行跑坐卧）。数据成员又称为属性，是对基本特征的描述；行为是一系列动作，通常是用函数描述，称为成员函数。相同类中实例化出来的对象具有相同的行为（Behavior），例如用眼睛看、用双腿走路；但数据成员（Data member）可能各不相同，例如有人眼睛大，有人腿更加健壮。

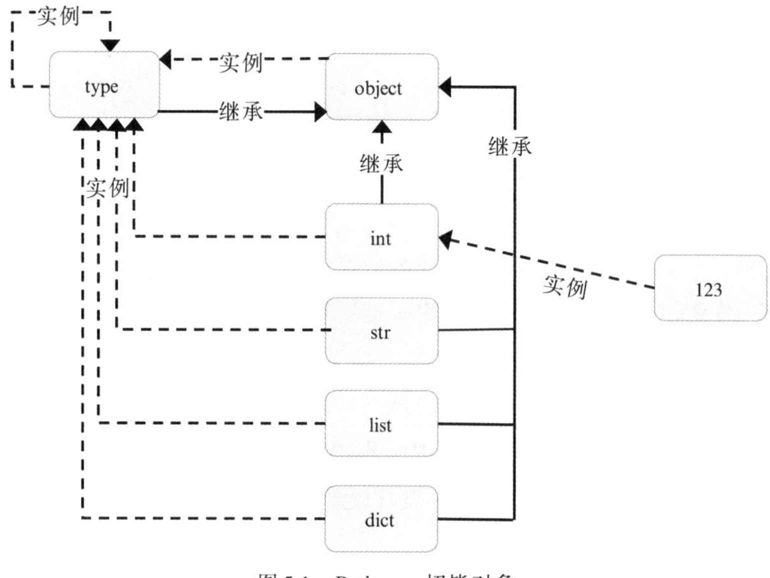

图 5.1　Python一切皆对象

下面定义一个整型的类Int：

```
class Int:
  name = 'integer'
  def __init__(self, d):
    self.data = d
  def add(self,d):
    return self.data+d.data
  def __str__(self):
    return 'my name is '+str(self.data)
a = Int(123)
b = Int(45)
print(Int.name)         # =>integer
print(a.data)           # =>123
print(b.data)           # =>45
print(a.add(b))         # =>168
print(a.name)           # =>integer
```

integer

123

```
45
168
integer
```

在这个示例中，整型是一个抽象的概念，因此设计为类Int，它定义了两个属性name和data，并定义了一个行为add()。a和b是类Int的两个实例，实例是对类的具体化。实例通过类进行定义，自动拥有了类的属性和行为。类是抽象的，可以认为是一种数据结构；实例是具体的，能够真正地参与运算。类和实例的属性和行为可以通过操纵符'. '进行访问，如第11-15行所示。

定义一个新的类，就是定义了一个新的数据类型，这里的Int和Python自带的数据类型int，str，list和dict是等同级别，都是数据类型。

5.1.1　类变量和对象变量的区别

name和data虽然都是属性，但是二者却有本质的不同。name称为类成员或类变量(Class variable)，定义在任何成员函数之外，被所有实例共享，通过类名(第10行)或实例名进行访问，因此a.name和b.name相同；data称为实例成员或实例变量(Instance variable)，在类的定义里，必须有self.进行修饰，只能通过实例进行访问。self指当前实例，如第11行中self指实例a，第12行中self指实例b，因此a.data和b.data各不相同，分别为123 和45。

虽然类变量可以通过实例进行读取，但是不可以通过实例进行修改。因为通过实例访问类变量的真正方式应该为a.__class__.name，一旦使用a.name进行修改，相当于新添加了一个实例变量name，对类变量并不会造成影响。

```
print(a.__class__.name)          # =>integer
print(b.name)                    # =>integer
b.name = 'abcd'
print(b.name)                    # =>abcd
print(b.__class__.name)          # =>integer
print(Int.name)                  # =>integer
```

5.1.2 成员函数与普通函数的区别

成员函数与普通函数基本相同,除了它的第一个参数必须为实例变量,通常使用self表示。这个参数并不需要进行显式赋值,而是在实例调用该成员函数时,自动用实例代替了self。

5.1.3 __init__()的作用

第一个类成员函数__init__()是一个非常特殊的函数,称为初始化函数,当创建一个实例时,自动被调用。在上面的示例中,init()函数在Int类定义的代码第8-9行被隐式调用,将两个不同的数据123和45分别赋值给两个不同实例的data。

每个类都有一个或多个初始化函数__init__和一个解析器__del__,分别在实例的初始化和销毁时被自动调用。同一个类的初始化函数可以有多个,但不同初始化函数的参数列表必须不同,解析器只能有一个,通常省略。

5.1.4 __xxx__的属性和方法

类似__xxx__的属性和方法在Python中都具有特殊用途,例如__str__()函数在类被作为字符串输出时自动被调用。注意这类属性或方法在名称前后各有两个下划线,不能省略,被称为魔法属性或魔法函数,前文中提到的__init__,__del__和__str__都属于这种类型。

5.1.5 __slots__的作用

Python使用字典表示类实例的属性,这使其速度很快,用户可以随时为类实例添加新属性。

```
a.desc = ' This is an instance of Int '
print(a.desc)
```

```
This is an instance of Int
```

但是如果使用了该类的大量实例,字典结构的类实例属性需要占用大量内存。此时要限制实例的属性,只允许该实例拥有指定的属性。为了达到这个目的,Python允许在定义class的时候,定义一个特殊的__slots__变量,来限制该类实例能添加的属性。实际上，当定义了__slots__属性后，Python没有使用字典表示属性，而是使用小的固定大小的数组，这大大减少了每个实例所需的内存。使用__slots__也有一些缺点：1)不能声明任何新的属性，只能使用__slots__上具有的属性；2)带有__slots__的类不能使用多重继承。

```
class Int:
    __slots__ =('data') # 用tuple定义允许绑定的属性名称
    name = 'integer'
    def __init__(self, d):
        self.data = d
a=Int(123)
print(a.name,a.data)
a.desc = 'This is an instance of Int'
```

```
integer 123
---------------------------------------------------------------------------
AttributeError                            Traceback (most recent call last)
<ipython-input-5-edabce53bfeb> in <module>()
      6 a=Int(123)
      7 print(a.name,a.data)
---->8 a.desc = 'This is an instance of Int'
AttributeError: 'Int' object has no attribute 'desc'
```

在这个示例中，只能使用指定属性data，当动态添加属性desc时，程序会报错。但类属性name可以正常定义，由此知道__slot__仅限制实例属性，对类属性没有限制。

5.2　继承(Inheritance)

上一节中定义了一个整型类Int，如果现在需要一个字符串类Str，它也拥有成员data和add，应该怎样实现呢？当然可以仿照Int的实现重新构造类Str，但是面向对象提供了继承机制可以非常简单地解决这种需求。首先定义一个类Datatype，构造了所有需要的成员，然后让Int类和Str类从Datatype类进行继承，它们就拥有了Datatype类的所有成员，就像我们一代代青年人“传承中华文明”一样，把优秀文化不断继承和发扬光大。Datatype类称为父类，Datatype类被称为父类，Int类和Str类被称为子类。这就是继承的第一个用途，子类自动拥有父类的所有成员。

5.2.1 继承的第一个用途——子类自动拥有父类的所有成员

继承的第一个用途

```
01 class Datatype:  #父类
02     name = 'data type'
03     def __init__(self, d):
04         self.data = d
05     def add(self,d):
06         return self.data+d.data
07
08 class Int(Datatype):              #子类
09     pass
10 class Str(Datatype):              #子类
11     pass
12
13 a = Int(123)
14 b = Str('abc')
15 print(a.data)                     # =>123
16 print(b.data)                     # =>abc
17 print(a.add(Int(45)))    # =>168
18 print(b.add(Str('de')))           # =>abcde
```

```
123
abc
168
abcde
```

注意第8行和第10行在定义子类时的特殊写法,需要指定其父类。在Python中,有一个最顶层的基类object,所有其他对象都是从object类继承而来。当定义一个新类而没有指定其父类时,默认是从object类继承而来。

5.2.2 继承的第二个用途——子类扩展

继承的第二个用途

继承的第二个用途是子类扩展，在拥有父类所有成员的情况下，还可以自行添加新成员，对父类或其他子类不产生任何影响。例如上面示例中的Str类，可以添加新的属性和成员函数。

```
01 class Str(Datatype):
02     def length(self):
03         return len(self.data)
04 b = Str("abc")
05 print(b.length())          # =>3
06 b.lower = True
07 print(b.lower)                 # =>True
08 cc = Str('abcde')
09 cc.length()
```

```
3
True
5
```

Str类在修改后添加了新的成员函数length()，对其父类Datatype的方法进行了扩展。在第6行新添加了实例变量lower，对父类的成员变量进行了扩展。也就是说，子类在自动拥有父类成员后，还可以添加新的成员。这样每个子类可以实现其与父类或其他子类不同的需求。

下面列举一个熟悉的例子，展现这种扩展的应用。在4.7节提到了使用pathlib库进行文件管理和操作的例子。在pathlib库中，可以调用read_text读取文件的全部内容，但不具备读取一行和读取所有行的功能。以下代码从WindowsPath类继承了一个新的子类MyPath，扩展了读取单行read_line和读取所有行read_lines两个成员函数。

```
from pathlib import WindowsPath

class MyPath(WindowsPath):
    def __init__(self,*args, **kwargs):
```

```
05     self._lines = self.read_lines()
06   def read_lines(self, encoding=None, errors=None):
07     return (line for line in self.read_text(encoding,errors).split('\n'))
08   def read_line(self, encoding=None, errors=None):
09     return next(self._lines,None)
10
11 file = MyPath("foo.txt")
12 lines = file.read_lines()
13 print(next(lines))
14 print(next(lines))
15 print('-'*50)
16 for line in file.read_lines():
17   print(line)
18 print('-'*50)
19 print((file.read_line()))
20 print((file.read_line()))
21 print((file.read_line()))
```

```
This is first line.
This is second line.
------------------------------
This is first line.
This is second line.
This is third line.
------------------------------
This is first line.
This is second line.
This is third line.
```

pathlib库根据操作系统的不同，有两种类型：WindowsPath和PosixPath。其中WindowsPath用于Windows操作系统，PosixPath用于Unix、Linux系统。以上示例以Windows操作系统为例，因此第3行定义的类MyPath从WindowsPath中继承。

第7行调用read_text函数读取了文件中的全部内容，并用split('\n')将其分隔为多行，将每行内容作为元素构建了一个生成器。第5行中将read_lines产生的生成器赋值给成员变量_lines。为了形成良好的编程习惯,建议将成员变量以一个下划线开头,与局部变量形成区别。第9行read_line函数每次从生成器中读取一行。next函数在Python中与生成器配合使用,每次从生成器的当前位置读取一个元素,直到生成器为空。第12-14行采用next方式,从生成器中逐个读取每一行。第16-17行采用for…in循环,每次循环读取一行,for…in循环自动调用next函数,遍历生成器中的全部内容。第19-21行调用read_line函数,每次读取一行。这三种读取操作在本质上都是相同的。

5.2.3 继承的第三个用途——重载

继承的第三个用途

重载,即子类修改父类的成员函数。

```
class Int(Datatype):
    name = 'integer'
    def __init__(self, d):
        assert isinstance(d,int),"parameter must be int type"
        super().__init__(d)
    def add(self,d):
        assert isinstance(d,Int),"parameter must be Int type"
        return super().add(d)
# a = Int('123')          # =>AssertionError: parameter must be int type
a = Int(123)
print(a.add(Int(45)))   # =>168
```

168

Datatype类中,对初始化函数和add()函数只是作了初步实现。对于Int类而言,如果需要正确运行这两个函数,要求函数的参数必须为int类型。因此对Int类的初始化函数和add()函数进行修改,增加类型判断。

为了保证参数必须为int类型,使用了断言assert,它有两个部分,第一部分是一个判断,如果判断结果为True,程序正常运行;如果判断结果为False,则会抛出异常,assert的第二部分会被作为异常提示输出。super()表示父类,Int的父类是Datatype,当断言正常执行后,调用Datatype的构造器,完成属性data的正常赋值。

isinstance(d,int)判断变量d是否为int类型,返回值为布尔类型,它是一种最为常见的类型判断方法。isinstance()与type()的主要区别是isinstance考虑继承关系,但type只判断当前的类型,不考虑继承关系。

```
a = Int(123)
b = Str("abc")
print(isinstance(a,Int))            # =>True
print(isinstance(b,Str))            # =>True
print(isinstance(a,Datatype))       # =>True
print(isinstance(b,Datatype))       # =>True
```

```
True
True
True
True
```

从上面的示例中可以看出,两个子类实例不仅是对应的Int和Str类型,而且是其父类Datatype继承而来,也是Datatype的实例。

同理,需要对Str类作类似的重载。

```
class Str(Datatype):
  name = 'string'
  def __init__(self, d):
    assert isinstance(d,str),"parameter must be str type"
    super().__init__(d)
  def add(self,d):
    assert isinstance(d,Str),"parameter must be Str type"
    return super().add(d)
```

通过重载,子类和父类虽然拥有相同的成员函数,但是可以实现不同的行为。

5.3 封装(Encapsulation)

封装

Python可以限制外部访问属性和成员函数,这种阻止直接访问的机制被称为封装。Python中没有关键字限定私有成员,如果一个成员的名字以两个下划线__开头，但不以两个下划线__结尾，则这个元素为私有的(private)。

```
class JustCounter:
    __secretCount = 0

    def count(self):
        self.__secretCount += 1
        print(self.__secretCount)

counter = JustCounter()
counter.count()  # =>1
counter.count()  # =>2
print(counter.__secretCount)
```

```
1
2
---------------------------------------------------------------------------
AttributeError                            Traceback (most recent call last)
……
---> 11 print(counter.__secretCount)
AttributeError: 'JustCounter' object has no attribute '__secretCount'
```

要特别注意以下这种错误写法：

```
01 counter.__secretCount = 5
02 print(counter.__secretCount)     # =>5
03 counter.count()                  # =>3
```

```
5
3
```

表面上看，好像直接修改了私有成员__secretCount，但是实际上原有的私有成员__secretCount已经被Python修改为_JustCounter__secretCount，因此上面的错误操作实际上是添加了新的实例变量，并不是对原有的私有成员进行修改。从第3行的输出结果可以观察这个推论，原有的私有成员__secretCount并未被改变，输出结果依旧是3。

对于属性，如果直接进行修改，虽然很简单，但是没办法进行有效性检查，导致随意修改。

```
p = Person
p.age = -4
```

以上代码中年龄被赋值为负数，显然不符合逻辑。为了增加有效性验证，可以将属性赋值用函数进行封装，进行参数检查。

```
01 class Person(object):
02     def __init__(self):
03         self.__age = 0
04     def get_age(self):
05         return self.__age
06     def set_age(self, value):
07         if not isinstance(value, int):
08             raise ValueError('age must be an integer!')
09         if value < 0:
10             raise ValueError('age must be greater than 0!')
11         self.__age = value
12 p = Person()
13 p.set_age(9)
```

当对年龄进行赋值时，如果数据的类型（第7行）或值的范围（第9行）不符合要求时，使用关键字raise抛出异常。确保了程序在逻辑上的正确性。

但是通过函数封装后，调用方法略显复杂，没有直接调用属性简单。Python通过内置的@property装饰器把一个方法变成属性调用。

```
class Person(object):
    def __init__(self):
        self.__age = 0
    @property
    def age(self):
```

```
        return self.__age
    @age.setter
    def age(self, value):
        if not isinstance(value, int):
            raise ValueError('age must be an integer!')
        if value < 0:
            raise ValueError('age must be greater than 0!')
        self.__age = value
p = Person()
p.age = 9
print(p.age)
p.age = -3
```

```
9
---------------------------------------------------------------------------
ValueError                                Traceback (most recent call last)
……
ValueError: age must be greater than 0!
```

可以看到,通过@property装饰器,把getter方法变成了属性。然后通过另外一个装饰器@age.setter将setter方法变成了属性赋值。拥有了一个可控的属性操作。装饰器的原理和机制详见第5.6节。本节只需要模仿以上代码将其置于getter或setter函数的上一行即可。也可以不写setter部分,这样就定义了一个只读属性。

5.4　多态(Polymorphism)

多态

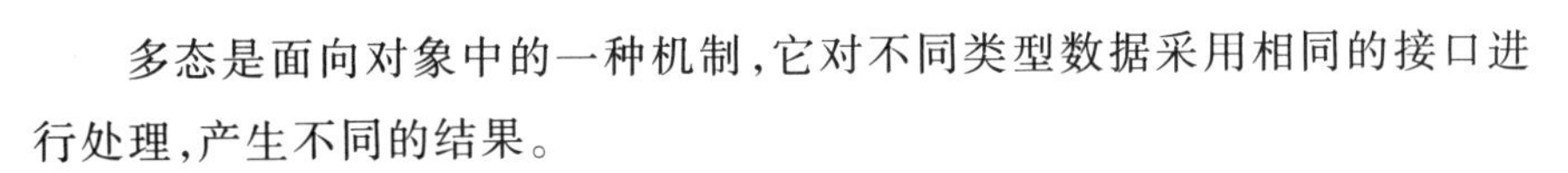

多态是面向对象中的一种机制,它对不同类型数据采用相同的接口进行处理,产生不同的结果。

```
class Parrot:
    def fly(self):
        print("Parrot can fly")

```

```
class Penguin:
    def fly(self):
        print("Penguin can't fly")

# 公共接口
def flying_test(bird):
    bird.fly()

# 实例化对象
blu = Parrot()
peggy = Penguin()

# 传递对象
flying_test(blu)                # => Parrot can fly
flying_test(peggy)              # => Penguin can't fly
```

```
Parrot can fly
Penguin can't fly
```

在上面的示例中，定义了两个类Parrot和Penguin，它们有一个相同的成员函数fly()，但是函数具体内容不同。为了测试多态，创建了一个公用接口函数flyingtest()，它的参数可以承载任何类型的对象。当把两个不同的示例blu和peggy传入flyingtest()后，程序可以正常运行，但是行为各不相同。

5.5 操作符重载（Overloading Operators）

操作符重载

在自定义类Int中有一个add()函数，它实际上完成了加法操作。对于两个整数的加法，更倾向于使用运算符'+'完成这个操作，Python中提供了这样的机制，称为运算符重载，以下代码用魔法函数__add__实现了加运算的操作符重载。魔法函数的前后各有两个下划线。

```
class Int(Datatype):
    name = 'integer'
```

```
    def __init__(self, d):
        assert isinstance(d,int),"parameter must be int type"
        super().__init__(d)
    def __add__(self,d):
        assert isinstance(d,Int),"parameter must be Int type"
        return super().add(d)

a = Int(123)
b = Int(45)
print(a+b)
```

168

在Python中，对内置对象（例如，整数和列表）所能做的事，几乎都有相应特殊名称的重载方法。表5.1列出其中一些常用的重载方法。更加完整的列表参见官方文档[①]。

表5.1　Python中常见的重载方法

方法	重载	调用
__init__	构造函数	创建实例：X = Class(args)
__del__	析构函数	X实例对象收回
__add__,__sub__,__mul__,__truediv__	加、减、乘、除运算	X + Y, X-Y, X*Y, X/Y
__floordiv__,__mod__,__pow__	整除、取余、幂运算	X//Y, X%Y, X**Y
__and__ ,__or__,__invert__,__xor__	与、或、非、异或运算	X
__str__	打印、转换	print(X), repr(X), str(X)
__getitem__	索引运算	X[key],X[i:j]
__setitem__	索引赋值语句	X[key] = value, X[i:j] = sequence
__delitem__	索引和切片删除	del X[key], del X[i:j]
__len__	长度 len(X)	
__lt__, __gt__,__le__, __ge__	大小比较XY, X<=Y, X>=Y,	
__eq__,__ne__	等于和不等于	X == Y, X != Y
__iter__, __next__	迭代环境	= iter(X), next(I), map(F, X)
__contains__	in测试	item in X(任何可迭代的)
__get__, __set__,__delete__	描述符属性	X.attr, X.attr = value, del X.attr

① https://docs.python.org/3/reference/datamodel.html?highlight=operator%20overloading

为了增强对运算符重载的理解，可以查看以下代码。其中自定义了一个新类型A，并重载了小于和等于运算。其他魔法函数的使用方法与之类似。

```
class A:
    def __init__(self, a):
        self.a = a
    def __lt__(self, other):
        return self.a<other.a
    def __eq__(self, other):
        return self.a == other.a

ob1 = A(2)
ob2 = A(3)
print(ob1 < ob2)                    # => True

ob3 = A(4)
ob4 = A(4)
print(ob3 == ob4)                   # => True
```

5.6 装饰器(Decorator)

当需要为一个函数添加功能时，很自然的想法是修改函数。但一些函数是Python的内嵌函数，或在其他位置被使用时，是不可修改的；或者需要为一系列函数添加相同的功能，逐个修改函数显然不符合程序设计逻辑。在这种情况下，需要不修改函数，但是为函数添加功能。为一个已经存在的函数添加功能被称为元编程。Python通过装饰器[1]实现这个需求。一个函数作为参数传递给另一个函数，然后返回相同的函数，返回的函数可以扩展新的功能，这就是装饰器。函数的功能扩展在有些场景下是非常有用的，例如第5.3节封装中使用的property和setter就是两个装饰器，它们对成员函数进行了功能扩展，实现了属性的getter和setter方法。而且使用@语法糖，通过非常简单的操作，就实现了功能的扩展。

① https://pythonbasics.org/decorators/

5.6.1 函数也是对象

在Python中,一切皆对象,函数也是一种对象。因此函数可以赋值给一个变量,可以作为另一个函数的参数,也可以作为另一个函数的返回值,见第3.3.2节。本质上就是给函数对象添加引用,建立新的别名,引用的详细概念参见第4.4.1节。

```
def hello():
    print("Hello")

# even functions are objects
message = hello

# call new function
message()                    # => Hello
```

以上代码会让初学者感觉非常疑惑,但是如果理解了函数也是一个对象,就豁然开朗了。函数message只是函数hello的一个引用,它们指向同一个函数对象,无论调用二者中的任何一个,执行结果都相同。

5.6.2 装饰器

一个装饰器把一个函数做参数,对其进行功能扩展,并返回一个新函数。

```
def hello(func):
    def inner():
        print("Hello ", end="")
        func()
    return inner

def name():
    print("Alice")

obj = hello(name)
obj()                        # => Hello Alice
```

在上面的示例中，函数hello就是一个装饰器。在第11行中，函数name被装饰，原本它的功能只是打印一个名字，但是增加装饰器后再次进行调用，会在名字之前出现Hello。函数name被包裹在函数hello中，它的代码没有进行任何修改，但是因为被装饰，实现了功能扩展。调用过程如图5.2所示，函数name被作为参数传递给函数hello，函数hello返回在其内部定义的子函数inner。函数inner首先打印Hello，然后调用传入的func函数，即name函数，从而实现了函数name的功能扩展。

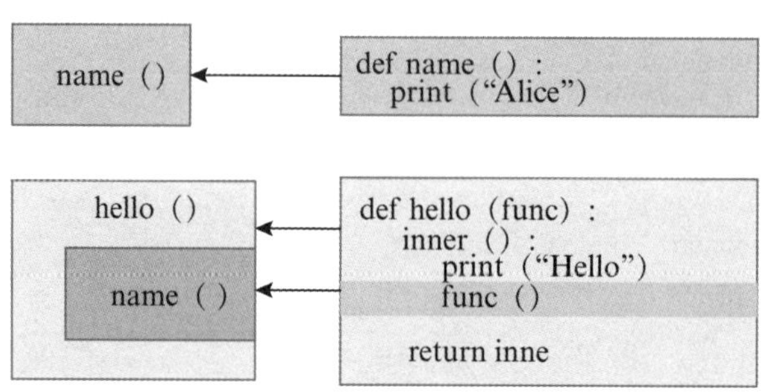

图5.2　装饰器的函数调用示意图

重新梳理一下装饰器(hello)的结构。根据对函数进行功能扩展的需求，它的输入是一个函数(name)，输出也是一个函数(inner)。在inner的函数体中，有对函数name的调用，因此它执行了函数name的功能，但是语句print("Hello ")是函数name不具备的功能，所以函数inner是对函数name进行了功能扩展。最后函数inner作为返回值被返回。因此在经历了hello(name)()这样的复合调用后，不仅执行了name的功能，而且额外的功能(print("Hello "))也被执行。如果把name看作是一个毛坯房，那么hello(name)()就是一个装修过的成品房，函数hello就是对应的装修。因此hello被称为装饰器。

为什么要在函数hello内部定义一个子函数inner？这是由装饰器的功能需求决定，需要一个功能扩展后的函数，因此必须重新定义一个函数。但是这个函数只被装饰器(hello)访问，不应该被其他位置被看到，因此被定义在装饰器函数的内部，属于装饰器的私有函数。那么为什么不去除子函数inner，直接在hello的函数体中对name进行功能扩展呢？显然，没有目前这种装饰器方式灵活强大，是Python一切皆对象的机制保障了装饰器快速灵活的实现。

为了加深对装饰器的理解，以下代码给出另外一个示例，函数who被函数display装饰，扩展功能不仅可以出现在被装饰函数前面，也可以出现在后面。

```
def who():
    print("Alice",end="")

def display(func):
```

```
    def inner():
        print("User ", end="")
        func()
        print(" is a girl!")
    return inner

myobj = display(who)
myobj()                          # => User Alice is a girl!
```

5.6.3 装饰器的语法糖

因为装饰器很常用，所以对其使用提供了简化方式。使用@symbol，功能完全相同，但是代码书写上非常简单清晰。

```
01 @hello
02 def name():
03     print("Alice")
04
05 name()                        # => Hello Alice
```

其中第1-2行相当于obj = hello(name)的简化表达形式。

5.6.4 装饰器的参数传递

装饰器也可以使用参数。

```
def pretty_sumab(func):
    def inner(a,b):
        print(str(a)+"+"+str(b)+" is ",end="")
        return func(a,b)
    return inner

@pretty_sumab
```

```
08 def sumab(a,b):
09     print(a+b)
10 sumab(5,3)                          # => 5+3 is 8
```

函数sumab被函数pretty_sumab装饰，由语法糖@pretty_sumab标记。第8行调用函数sumab，看到参数被正确传递，得到正确的结果。当不确定参数个数时，也可以采用参数列表的形式，将所有参数打包成一个列表进行传递，通过*进行解包。

```
def pretty_sumab(func):
    def inner(*arg):
        print(str(arg[0])+"+"+str(arg[1])+" is ",end="")
        return func(*arg)
    return inner

@pretty_sumab
def sumab(a,b):
    print(a+b)
sumab(5,3)                          # => 5+3 is 8
```

在这个示例中，两个参数5和3被封装成一个列表，传递给inner的参数arg，因此arg[0]和arg[1]分别表示5和3。这种参数列表形式由Python提供，并不仅限于装饰器，在一切函数中都可以这样使用。以下是一个多参数的样例：

```
def pretty_sum(func):
    def inner(*arg):
        print('+'.join(map(str,arg))+" is ",end="")
        return func(*arg)
    return inner

@pretty_sum
def sum_list(*arg):
    print(sum(arg))
sum_list(5,3,7,9)                          # => 5+3+7+9 is 24
```

5.6.5 装饰器的应用举例

装饰器可以在很多需求下使用，例如对于一个Web网站，绝大部分功能都要求用户先登录，然后进行使用。可以把登录判断形成一个装饰器，加到每个功能模块的前面，让这些功能在执行前都进行用户的合法性判断。

以下示例中设计了一个简单实用的装饰器measure_time，可以测量传入函数的执行时间。

```
import time

def measure_time(func):
    def wrapper(*arg):
        t=time.time()
        res=func(*arg)
        print("Function took "+str(time.time()-t)+" seconds to run")
        return res
    return wrapper

@measure_time
def myFunction(n):
    time.sleep(n)

myFunction(2)                    # => Function took 2.000842571258545 seconds to run
```

5.7 模块(Module)和包(Package)

模块是一个包含Python语句和定义的、后缀为py的文件，它帮助用户把大的程序切分成很多小的、易管理和易组织的文件。每个文件相对独立，因此可以实现代码复用，用户可以把最常用的类或函数封装成一个模块并用import进行导入。

5.7.1 导入模块

导入模块

输入以下代码并运行，%%writefile是jupyter的魔法命令，会将当前单元格中的内容保存为一个文件，并将文件命名为example.py。

```
%%writefile example.py
# Python模块举例
def add(a, b):
    """这个程序将两个数字相加,并返回结果"""
    return a + b
```

Writing example.py

新建一个jupyter文件,可以用关键字import导入example.py文件中的定义。

```
01 import example
02 print(example.add(3,5))        # => 8
03
04 import math as m               # import a module and rename it
05 print("The value of pi is", m.pi)
```

8
The value of pi is 3.141592653589793

第2行导入自定义模块example中的方法add,第4行导入Python的内嵌库math,并重新命名为m,方便书写。也可使用*导入另外一个模块中的所有定义,与直接import不同,不需要添加模块作为前缀,如下所示:

```
from math import *
print("The value of pi is", pi)
```

采用星号(asterisk)导入全部定义是非常不好的,因为可能会导致标识符冲突,并且妨碍代码的可读性。

5.7.2 导入限定

导入限定

1. 指定导入的标识符

为了防止全部导入所造成的无谓浪费,可以指定导入模块中的部分定义,这样可以提高效率,减少标识符冲突。

```
from math import pi, e
print(pi)                # => 3.141592653589793
print(e)                 # => 2.718281828459045
```

2. 指定导出的标识符

在定义模块时,也可以使用关键字__all__限定导出的内容。

```
%%writefile all.py
a=3
b=5
__all__=['a']
```

文件生成后,在jupyter文档中输入以下代码:

```
from all import *
print(a)
print(b)
```

```
3
---------------------------------------------------------------------------
NameError            Traceback (most recent call last)
……
NameError: name 'b' is not defined
```

从运行结果可以看出,因为在模块all中通过关键字__all__只允许导出a,所以当用户使用变量b时,程序会报错。

3. 对于导入的优化

Python解释器对import进行了优化,在一次执行中,一个模块只会导入一次,这使代码执行更有效率。

输入以下代码并保存为文件 my_module.py。

```
%writefile my_module.py
print("This code got executed")
```

因为print直接写在my_module.py文件中,所以理论上该文件每次被import,都应该有一次print调用,并输出This code got executed。在此基础上做一个实验,新建一个文件,并多次import,查看效果如下:

```
import my_module # => 第一次代码执行
import my_module # 没有输出
import my_module # 没有输出
```

运行结果:

This code got executed

该运行结果说明,当一个模块被多次import时,会被自动优化,只有一次import被执行。

5.7.3 包(Package)

包

为了更好地组织模块,可以使用包(Package)将多个相似的模块组织一起。包与模块的关系类似于文件夹与文件的关系。在物理实现上,一个模块就是一个后缀为.py的文件,而一个包就是一个文件夹。这种组织方式最主要的目的是进行分类管理。

```
from sklearn.neighbors import KNeighborsClassifier
```

以上示例中,sklearn是一个包,neighbors是这个包中的一个模块,KNeighborsClassifier是这个模块中具体定义的一个分类器。sklearn是Python中一个非常著名的用于机器学习的包。

以下代码假定example.py文件中有一个函数test。

```
from a.b import example as ex
ex.test()
```

它的物理组织方式如下,其中a和b是文件夹:

```
a
└── b
    └── example.py
```

也可以采用以下方式导入：

```
from a.b.example import test
test()
```

本章习题

1. 运行以下代码，观察输出结果。魔法函数__new__构造了一个实例对象，而__init__是对该实例进行初始化，理解二者的作用和运行顺序。

```
class Student(object):
    def __init__(self):
        print("__init__")

    def __new__(cls, *args, **kwargs):
        print("__new__")
        return object.__new__(cls, *args, **kwargs)
Student()
```

2. 以下两个函数每次执行的时候都需要重复传入一堆参数，请用面向对象的形式进行优化。注意，这些代码为伪代码，不可运行。

```
def exc1(host,port,db,charset,sql):
    conn=connect(host,port,db,charset)
    conn.execute(sql)
    return xxx

def exc2(host,port,db,charset,procname)
    conn=connect(host,port,db,charset)
    conn.call_proc(procname)
    return xxx
```

3. 执行以下代码,找到异常的位置和原因,并进行修正。

```
class Dog(object):
    def __init__(self,name):
        self.__name = name

    @property
    def name(self):
        return self.__name

d = Dog("MaoQiu")
print(d.name())
```

4. 执行以下代码,查看结果,并结合5.1.1节的内容,解释结果出现的原因。

```
class Parent(object):
    x = 1

class Child1(Parent):
    pass

class Child2(Parent):
    pass

print(Parent.x, Child1.x, Child2.x)
Child1.x = 2
print(Parent.x, Child1.x, Child2.x)
Parent.x = 3
print(Parent.x, Child1.x, Child2.x)
```

5. 请编写一段符合多态特性的代码。

第6章　数据获取

教学目标：了解网页的基本结构，构建网络爬虫，能够实现网页的动作模拟。

如今信息技术的发展已经进入“数据”驱动的时代，通过对海量数据的处理，能够产生极大的科研和商业价值。网络爬虫的出现，将网络上的各种数据进行自动汇总，定制化产生需要的数据，是当今时代数据获取的重要来源。网络爬虫又称网页蜘蛛、网络机器人，是按照一定规则、自动请求万维网网站并获取数据的程序或脚本。本章首先讲解了网页的基本结构，然后介绍网页获取和网页解析的方法，最后通过两个综合案例，了解爬虫具体的实施过程。重点了解网页数据的获取和解析，动作模拟是难点内容。

6.1　网页的基本结构

超文本标记语言HTML(HyperText Markup Language)是一种用于创建网页的标准标记语言，由一套标记标签(Markup Tag)构成。可以使用HTML建立自己的WEB站点，HTML运行在浏览器上，由浏览器渲染后形成网页。一个网页虽然有文本、图片和视频等各种元素，其本质上就是由一系列标签按照既定的规则组合而成的文本文件。

HTML标签(HTML Tag)是由尖括号包围的关键词，比如<html>。标签通常是成对出现的，故其被称为标签对。不同的标签具有不同的含义，例如<b>和</b>这对标签包含的文本将会以粗体显示。标签对的第一个标签是开始标签，第二个标签是结束标签，开始和结束标签也被称为开放标签和闭合标签。标签和内容的书写格式为<标签>内容</标签>。

首先看一个简单的html源代码。

```
<html>
  <head>
        <title>页面标题</title>
  </head>
  <body>
     <h1>我的第一个标题</h1>
     <p>我的第一个段落。</p>
  </body>
</html>
```

html简析

新建一个txt文件，输入以上代码，并保存成后缀为htm或html的文件，例如："test.html"，形成一个网页文件。通过浏览器打开该文件，就可以查看渲染后的网页样式，如图6.1所示。

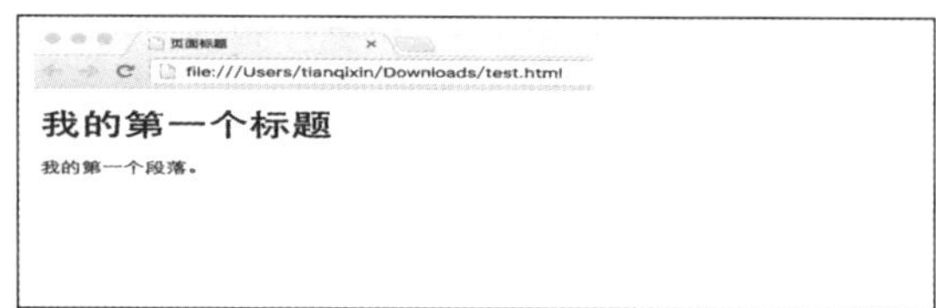

图6.1　网页示意图

<html>标签是HTML页面的根元素，至少包含<head>和<body>两个部分：<head>元素包含许多头信息，例如标题、语言和编码等，还可以插入脚本（scripts），样式文件(CSS)，及各种元信息；<body>区域的内容会在浏览器中显示。表6.1列举了HTML的常用标签，更多标签的说明请参考网络资源①。

表6.1　HTML的常用标签

元素	描述
<body>	HTML body 元素表示文档的内容。
<header>	HTML <header> 元素用于展示介绍性内容，通常包含一组介绍性的或是辅助导航的实用元素。它可能包含一些标题元素，但也可能包含其他元素，比如Logo、搜索框、作者名称等。
<h1>, <h2>, <h3>, <h4>, <h5>, <h6>	HTML<h1>-<h6>标题（Heading）元素呈现了六个不同的级别的标题，<h1>级别最高，而<h6>级别最低。
A	HTML a 元素（或称锚元素）可以创建通向其他网页、文件、同一页面内的位置、电子邮件地址或任何其他URL的超链接。
B	HTML提醒注意（Bring Attention To），元素（b）用于吸引读者的注意到该元素的内容上（如果没有另加特别强调）。这个元素过去被认为是粗体（Boldface）元素，并且大多数浏览器仍然将文字显示为粗体。
strong	Strong元素（strong）表示文本十分重要，一般用粗体显示。
Table	显示表格，与行标签<tr>和列标签<td>相结合
Img	显示图片

网络爬虫就是将网页标签进行解析，获取其中包含的数据。很多网页中的数据都是以表格形式呈现。表格的基本标签为<table>，每个表格存在多个行标签<tr>；每行存在多个列标签<td>。重新编辑并保存文件"test.html"。

① https://developer.mozilla.org/zh-CN/docs/Web/HTML

```
<html>
  <head>
  </head>
  <body>
    <table border="1">
    <tr><td>1</td><td>2</td></tr>
    <tr><td>3</td><td>4</td></tr>
    <tr><td>5</td><td>6</td></tr>
    </table>
  </body>
</html>
```

刷新该网页，网页内容会出现三行两列的表格，单元格边线单位为1。以上代码中<table>标签的border属性，表示表格线宽度。每个标签都有不同的属性，设置标签元素的具体显示模式，在爬虫中可以根据目标数据的公有属性进行数据的获取。

在浏览器中点击右键->查看网页源代码，可以查看该网页源代码。在网络中，任意一个网页都是由源代码构成。复杂网页多使用大量的标签进行组合和嵌套构成，有时还添加动态脚本script。但无论网页有多复杂，其基本架构与以上示例代码是完全一致的。

6.2　网页数据的获取

Python中的urllib库是最典型的获取静态网页数据的方法。但互联网上的绝大部分网页是动态的。也就是说，网页中依赖JavaScript等脚本动态加载数据，能够在URL不变的情况下改变网页的内容。本节重点介绍Selenium模块，可以获取动态网页中的数据。Selenium是一个用于Web自动化测试的工具，最初是为了网站自动化测试二次开发。它构建一个浏览器，并可以按指定的命令自动操作，模拟正常用户访问。Python的Selenium基于同名扩展库，使用前需要安装Selenium模块。Selenium可支持多种主流浏览器，本章示例将基于Chrome浏览器进行介绍，因此需在ChromeDriver网站[1]下载与所使用浏览器版本相对应的ChromeDriver驱动器，并将其放置于Python编译器的相同目录下才可以正常运行。注意ChromeDriver的版本必须与Chrome浏览器的版本互相匹配，在每个ChromeDriver的说明文档里都有其支持的浏览器版本。安装和配置成功后可以用以下代码进行测试。

① ChromeDriver镜像：http://npm.taobao.org/mirrors/chromedriver/

```
#初始化ChromeDriver
from selenium import webdriver
driver = webdriver.Chrome()    # 创建Chrome对象
```

driver是一个Chrome浏览器的变量，通过操纵它，就可以在代码中模拟浏览器的所有动作。为了爬取数据，需要先设定目标网页的url地址，并设置目标数据所在标签的xpath。标签在网页中的组织形式，类似文件在文件系统中的组织形式。每个文件在文件系统中都有一个路径，表示它在文件系统中的具体位置，标签的xpath就是一个标签在网页中的具体位置，每个标签的xpath都不相同，通过xpath可以精确定位一个标签。下面以1960年全球各个国家GDP数据的获取为例，讲解爬取的具体过程。

chromedriver的安装

Chrome获取内容

首先找到目标网址，在Chrome浏览器中打开该网页，在表格区域点击右键->检查(inspect)，浏览器将在开发者工具界面中将元素内容以文本方式打开。当鼠标悬浮在文本中不同标签上时，原网页会产生相应的选择效果，表示标签对应的页面内容。移动鼠标，当整个表格被选中时，鼠标选中的标签应为<table class="table">。如图6.2所示，在该标签上点击右键->Copy->Copy XPath，所复制内容即表格对应的xpath。

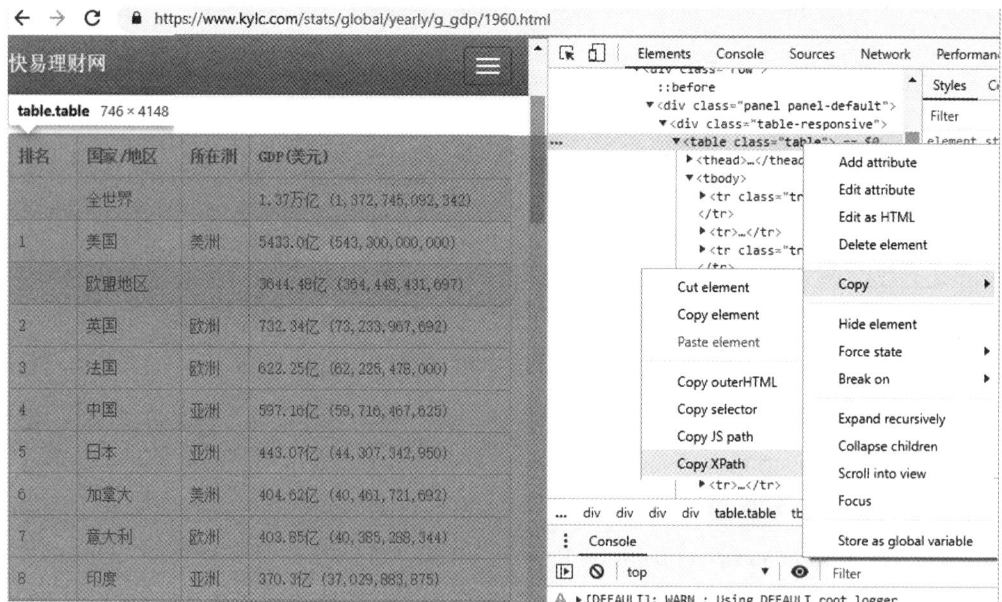

图6.2 Chrome获取页面内容对应path

通过url和xpath，driver首先用get()函数获取网页的全部源代码，然后调用

findelementbyxpath()定位到表格的标签，最后通过getattribute()函数获取表格的HTML结构。

```
from selenium import webdriver
driver = webdriver.Chrome()                                   # 创建Chrome对象
url="https://www.kylc.com/stats/global/yearly/g_gdp/1960.html"#目标网页地址
xpath="/html/body/div[2]/div[1]/div[5]/div[1]/div/div/div/table" #元素的路径
#xpath = "//table[@class='table']"
#xpath = "//table"
#操作ChromeDriver对象
driver.get(url)
table1=driver.find_element_by_xpath(xpath).get_attribute('innerHTML')
print(table1)
```

Selenium有两种定位元素的方法，find_element和find_elements，前者找到第一个符合条件的元素，后者返回所有符合条件的元素列表。执行完整代码，将输出table1中的所有内容，由标签和数据共同组成，需要进一步解析。

对于xpath，可以使用查询方式获取，查询方式的一般格式为"//标签类型[查询条件]"，使用较多的查询条件是"@属性=特定值"，根据属性的特定值定位标签，其中@表示后面跟随的标识符是该标签的一个属性。标签类型可以设置为"*"，表示所有类型。在上面网页的源代码中，看到表格的出现形式为<table class="table">，因此可以将table的xpath设定为"//table[@class='table']"，即查找class属性为"table"的表格标签。此外，经过仔细观察发现，在这个网页中只有一个table标签，因此可以去除查询条件，直接使用"//table"完成查询。

```
table1=driver.find_element_by_xpath('//table').get_attribute('innerHTML')
print(table1)
```

6.3 网页数据解析

BeautifulSoup4是Python的一个HTML或XML的解析库，简称bs4。主要功能是解析和提取HTML/XML数据。它不仅支持CSS选择器，还支持标准库中的HTML解析器。通过使用bs4库实现文档导航和查找，节省时间，提高效率，因此bs4受到开发人员的推崇。

BeautifulSoup解析数据

bs4库将复杂的HTML文档转换为树结构(HTML DOM),这个结构中每个节点都是一个Python对象,通过这些对象进行操作或获取数据。

```
01 from bs4 import BeautifulSoup
02 soup = BeautifulSoup(table1, "html.parser")
03 table = soup.find_all('tr')
04 for row in table:
05  cols = [col.text for col in row.find_all('td')]
06  if len(cols)==0 or not cols[0].isdigit():
07   continue
08  print(cols)
```

首先初始化BeautifulSoup对象(第2行),BeautifulSoup有两个参数,第一个参数为HTML字符串,第二个参数为解析器的类型。将上一节获得表格的HTML文档传递给bs4对象,形成树结构,然后通过find_all("tr")找到所有的行对象(第3行),遍历所有行(第4行),用每行中所有列的文本信息(text属性)构造一个列表推导式(第5行)。text属性对应标签所囊括的纯文本(不包括标签本身)。

将以上内容合成到一起,使用selenium爬取数据可以总结为以下步骤:

- 构建webdriver对象;
- 根据链接获取内容;
- 查找标签;
- 根据找到的标签构建bs4对象;
- 使用bs4解析数据。

bs4的实例对象拥有丰富的标签选择功能,表6.2列举了标签查找方法。

表6.2　标签查找与操作

soup.title	查找第一个title标签
soup.title.string	获取title标签中的字符串
soup.title.string.replace_with("xxxx")	字符串不能直接编辑,只能替换
soup.find(' div ')	查找第一个div标签
soup.find_all(' div ')	查找所有div标签

find_all()顾名思义,就是查询所有符合条件的元素,传入一些属性或文本,得到符合条件的元素:

1）find_all(name='ul')：查询所有ul标签，返回结果是一个迭代器，每个元素是bs4.element.Tag类型。

2）find_all(attrs={'name':'elements'})：传入的是attrs参数，参数的类型是字典类型，例如查询name为elements的节点，得到的结果是包含符合条件的所有节点。

3）find_all(text=re.compile('link'))：text参数可以用来匹配节点的文本，传入的形式可以是字符串，也可以是正则表达式。

除了find_all()方法，还有find()方法，只不过find()方法返回的是单个元素，也就是第一个匹配的元素，而find_all()返回的是所有匹配的元素组成的列表。

此外，还可以对一些特定的节点进行选择，如表6.3所示。

表6.3　其他查找标签方法

find_parents()	返回所有祖先节点
find_parent()	返回父节点
find_next_siblings()	返回后面所有兄弟节点
find_next_sibling()	返回后面第一个兄弟节点
find_previous_siblings()	返回前面所有兄弟节点
find_previous_sibling()	返回前面第一个兄弟节点
find_all_next()	返回节点后所有符合条件的节点
find_next()	返回节点后第一个符合条件的节点
find_all_previous()	返回节点前所有符合条件的节点
find_previous()	返回第一个符合条件的节点

在获取一个节点后，可以根据节点的关联关系，获取相关的节点，如表6.4所示。

表6.4　获取节点

属性	描述
soup.a.title	获取a标签后再获取它包含的子标签
soup.body.contents	将标签的子节点以列表返回
soup.body.descendants	获取所有子节点和子子节点
soup.a.parent	获取a标签的直接父标签
soup.a.parents	获取a标签的所有的祖先节点
soup.a.next_sibling	获取a标签的下一个兄弟元素
soup.a.previous_sibling	获取a标签的上一个兄弟元素
soup.a.next_siblings	获取a标签后面的所有兄弟元素
soup.a.previous_siblings	获取a标签前面的所有兄弟元素

在找到具体的标签后，有时需要进一步获取标签的相应属性。设定tag为某一种具体标签，例如：tag=soup.div，获取标签属性的方法如表6.5所示。

表6.5 获取标签属性

tag['class']	获取class标签下内容，多属性时会返回列表
tag['id']	获取标签的id属性
tag.attrs	获取标签所有属性，返回字典{属性名:属性值}
tag.attrs['name']	获取name属性，相当于从字典中获取键值

如果返回结果是单个节点，那么可以直接调用string、attrs等属性来获得其文本和属性，如果返回结果是多个节点的生成器，则可以取出每个元素，然后再调用string、attrs等属性来获取其对应节点等文本和属性。

6.4 实战案例：批量下载表情包

在移动互联网时代，人们常以流行的明星、语录、动漫、影视截图为素材，配上一系列相匹配的文字制作成“表情包”，用以表达特定的情感。

表情包是在社交软件活跃之后，形成的一种流行文化，表情包流行于互联网，几乎所有的网络参与者都会在网络交际中或多或少地使用表情包来表达个人情感。同时，收集各种各样有趣的表情包也逐渐成了许多人的爱好。以下讲述爬取表情图片的具体过程。

6.4.1 数据获取

```
from selenium import webdriver
import time
import requests
from selenium.webdriver.common.by import By
driver = webdriver.Chrome()

# 打开百度图片主页
driver.get("https://image.baidu.com/")
```

表情包数据获取与解析

首先使用selenium调用webdriver打开Chrome浏览器，并进入百度图片的主页。

```
# 在搜索框中输入关键词“emotion”
search_box = driver.find_element_by_id("kw")
#search_box = driver.find_element(by=By.ID,value="kw")  #新版本中使用
search_box.send_keys("emotion")
search_box.submit()
# 等待2秒钟，等待搜索结果加载完毕
time.sleep(2)
```

使用find_element_by_id()找到网页中id为"kw"的搜索框，使用send_keys()向其中写入搜索关键词“emotion”，使用submit()提交搜索结果，等待2秒钟等待搜索结果加载完毕。

以上方法模拟了输入和提交的过程。实际上，提交后就是形成了一条新的链接，也可以直接使用新链接获取需要的网页。

```
from selenium import webdriver
import time
import requests

driver = webdriver.Chrome()

# 打开百度图片主页
driver.get("https://image.baidu.com/search/index?tn=baiduimage&word=XXX")
```

其中XXX表示要查询的关键字，例如emotion。

6.4.2　选择标签

表情包选择标签

使用浏览器打开该网页，鼠标在待获取图片上点击右键，选择检查(inspect)，在调试界面查看网页源码中表情图片的标签信息为img，其属性class包含了特定值 ' img-hover ' ，通过这两个信息找到所有符合要求的图片对象：

```
#  获取所有图片元素
image_elements  =  driver.find_elements_by_class_name("img-hover")
#image_elements  =  driver.find_elements(by=By.CLASS_NAME,value="img-hover")
```

6.4.3 图片下载

表情包图片下载

在d盘下新建文件夹emotion用于保存所有下载的图片，要确保该文件夹的存在，这个文件夹可以为自行指定的任何文件夹。遍历所有图片对象，根据提供的网址和名称进行下载，并保存到本地。

```
01 from pathlib import Path
02 #遍历每个搜索结果，获取其中的图片链接并下载到本地
03 for index, image_element in enumerate(image_elements):
04     # 获取图片链接
05     image_src = image_element.get_attribute("src")
06     if image_src is not None:
07         # 构造文件名并保存图片到本地
08         content = requests.get(image_src).content
09         file_name = f"{index}.jpg"
10         file = Path("d:/emotion") / file_name
11         file.write_bytes(content)
```

requests.get().text返回的是一个文本数据，而requests.get().content返回的是bytes型的二进制数据。如果想获取文本数据可以通过requests.get().text，如果想获取图片等文件，则可以通过 requests.get().content，本例中表情包为GIF格式的图片文件，因此需要使用requests.get().content返回bytes型的二进制数据。第6行要判断图片链接地址是否为空，因为个别图片的链接地址在网页中并不是以src属性的形式存在。

对于单张图片，直接右键另存为就可以下载，但是如果批量下载需要耗费大量时间和精力。通过本节示例，可以看到网络爬虫最重要作用就是可以自动、批量操作网页元素，避免了重复性的烦琐工作，从而节省大量的人力物力。

6.5 实战案例：网页动作模拟

Selenium不仅可以获取网页的数据，还可以模拟用户在网页中的真实操作，而BeautifulSoup可以解析HTML中的数据。两者相结合，可以实现比较复杂的过程。

下面以中国铁路12306网站为例，讲解网页元素赋值，模拟鼠标点击等操作，实现查询、跳转等功能。

6.5.1　网站解析

12306网站解析

中国铁路12306的车票查询网站上提供免用户登录的查询服务。本节示例自动模拟用户输入所需参数："出发地"、"目的地"、"出发日"，并查询车票信息获取结果。

6.5.2　初始化对象

12306初始化对象

生成模拟的浏览器对象，并通过url获取网页内容。

```
from selenium import webdriver
from selenium.webdriver.common.action_chains import ActionChains     #动作模拟
from bs4 import BeautifulSoup
from selenium.webdriver.common.by import By
driver = webdriver.Chrome()                                   #初始化driver
url ="https://kyfw.12306.cn/otn/leftTicket/init"              #访问网址
driver.get(url)                                               #传入访问地址
#设定要查询的数据。

fromStation="青岛"                                            #出发地
toStation="葫芦岛"                                            #目的地
month=1                                                       #出发月份，0为本月，1为次月
day=1                                                         #出发日期，这里表示次月1号
```

下面设定相关控件的xpath，这里采用查询方式获得控件的xpath。查询的具体格式为*//控件类型[@属性=特定值]*

```
xFrom =  '//*[@id="fromStationText"] '                                     #出发地
xTo =  '//*[@id="toStationText"] '                                         #目的地
xDate =  ' //*[@id="train_date"] '                                         #日期输入框
xMonth =  ' //div[@class="cal-wrap"]//div[@class="cal-cm"] '               #日历菜单
xQuery =  ' //*[@id="query_ticket"] '                                      #查询按钮
xTable =  ' //*[@id="t-list"]/table '                                      #数据表格
```

以xTo为例，控件类型为*，表示任意类型，并要求属性id为"toStationText"。xMonth中的控件类型为div，并且要求属性class为"cal-cm"。通过Chrome的inspect可以查看相关控件的类型和特定的属性值。

6.5.3 数据输入

12306数据输入

首先输入“出发地”、“目的地”、“出发日”三个数据。按照国家铁路局规定，只能查询30天内车次。如果站点或日期输入有误，不能得到正确结果。

网站的数据输入操作比较复杂，以“出发地”为例，首先需要点击出发地的输入框，然后输入一个车站，例如青岛，输入车站不会直接作为input控件的值，而是会弹出一个菜单，将模糊搜索到的所有相关车站列举出来，例如：青岛、青岛北、青岛西。最后从中选择一个目标车站，作为输入结果，点击鼠标确认。

1. 输入车站

出发地和目的地的车站候选列表是同一个控件，但候选车站的列表是动态生成的，随着输入车站不同而不同，只有在输入车站后，才能有效生成候选车站列表。

```
01 def inputstation(xPath, station):
02     city = driver.find_element_by_xpath(xPath)  #定位出发地
03     # city = driver.find_element(By.XPATH,xPath)
04     ActionChains(driver).click(city).send_keys(station).perform()      #输入出发地
05     station = city.find_element_by_xpath('//span[text()=" '+station+' "]') #定位出发地
06     # station = city.find_element(By.XPATH, '//span[text()=" ' +station+' "]')
07     station.click()                                  #点击确定
08 # inputstation(xTo, '葫芦岛')                        #用于inputstation函数的测试
```

第2行选择了车站的输入框。第3行首先点击（click）出发地输入框，然后将车站输入（send_keys），perform表示执行这个动作。此时页面上弹出了候选车站列表菜单，在第4行根据输入车站的名称，从候选车站菜单中选择了对应的车站。这里使用了一种特殊的查询方式，选择文本等于station的span标签，其中函数text()表示标签包含的文本内容。第5行用click模拟点击这个元素，确定输入。

2. 输入出发日

```
01 def inputdate(xMonth, xDate,startmonth,startdate):
02     driver.find_element_by_xpath(xDate).click() #点击出发日期栏输入框
```

```
03    # driver.find_element(By.XPATH,xDate).click()
04    Month = driver.find_elements_by_xpath(xMonth)[startmonth]      #输入出发日期
05    # Month = driver.find_elements(By.XPATH,xMonth)[startmonth]
06    Day = Month.find_element_by_xpath( '//div[text()=%d] '%startdate)
07    # Day = Month.find_element(By.XPATH, ' //div[text()=%d] ' %startdate)
08    Day.click()                                                    #确定出发日期
09 #inputdate(xMonth, xDate, month, day)                             #用于inputdate函数的测试
```

第3行调用find_elements_by_xpath返回一个列表，有两个div标签符合要求，分别表示当月和次月，用预先设定的month变量进行选择对应月份的div标签。第4行在选择的月份标签上，使用查询方式按照预定日期day选择了对应的日期标签。第5行点击确认，完成输入。

6.5.4 获取查询结果

12306获取查询结果

爬取数据表格的HTML，从中提取车次数据，并打印：

```
01 def result():
02        print(','.join(['车次', '出发站','到达站', '出发时间','到达时间',
03                        '历时', '商务座/特等座', '一等座', '二等座/二等包座',
04                        '高级/软卧', '软卧/一等卧', '动卧', '硬卧/二等卧',
05                        '软座', '硬座', '无座', '其他', '备注']))
06        rows = driver.find_elements_by_xpath('//tr[starts-with(@id,"ticket")]')
07        for row in rows:
08              soup = BeautifulSoup(row.get_attribute('innerHTML'), "html.parser")
09              tds = soup.find_all('td')
10              train = [element.text for element in tds[0].find_all(['a','strong'])]
11              train.extend([td.text for td in tds[1:]])
12              print(','.join(train))
```

首先打印表头信息。网站的结果表格包含显示价格的隐藏行，经过观察网页源代码，每行信息tr标签的id都是以"ticket"开始，因此在第3行查询所有符合条件的tr标签。因为bs4处理数据更加方便，因此将tr标签转换成bs4对象，并查询所有的td对象。在表

格的第1列包含了多个信息，因此在第10行进行了单独处理，找到其中的a和strong标签，并将其中的text信息加入到结果中。其他td标签的信息比较简单，直接添加到结果中。

12306顺序执行各步操作

6.5.5 顺序执行各步操作

```
01 import time
02 inputstation(xFrom,fromStation)
03 inputstation(xTo,toStation)
04 inputdate(xMonth, xDate, month, day)
05 driver.find_element_by_xpath(xQuery).click()       # 点击查询按钮
06 # driver.find_element(By.XPATH,xQuery).click()
07 time.sleep(3)                                      #等待3s，使数据完成加载
08 result()                                           #输出结果
09 driver.close()
```

注意在第6行中给了一个时间延迟，因为数据都是动态生成的，需要给浏览器一个处理时间。如果在浏览器上已经生成了结果，但是在运行代码后并未出现对应的结果，可以增加延时。

理解了动作模拟，就可以自己做一个抢票软件，体会技术在生活中的应用。

本章习题

1. 寻找一个带有表格的网页，使用爬虫将表格数据进行下载。

2. 自行寻找一个图片网站，用爬虫下载100张图片。

3. 寻找一个小说网站，将分章转载的小说合并成一个完整txt文件。

4. 在12306示例中，添加限制，只选择高铁或动车的车次。

5. 根据国家铁路局规定，只能查询30日内车票信息。在12306网站上，观察出发日期的弹出框，找出有效日期和无效日期的标签差别，利用爬虫获取所有的有效日期。

第7章　Numpy基础

本章重点难点：ndarray的使用，矩阵运算。

Numpy读作/ˈnʌmpaɪ/ 或 /ˈnʌmpi/，是Python中非常重要的一个科学计算的库。其中绝大部分功能是C语言编写，执行效率非常高。它主要用于多维数组和矩阵运算，高效的数学和数值运算是Numpy的核心特点。Numpy的官方网站是http://www.numpy.org/。Numpy是为大数据而生，在理解本章内容时一定要建立在这个背景之下。

7.1　多维数组对象ndarray

多维数组对象ndarray

首先，采用列表构建一个ndarray数组。

```
01 import numpy as np
02 cvalues = [20.1, 20.8, 21.9, 22.5, 22.7, 22.3, 21.8, 21.2, 20.9, 20.1]
03 C = np.array(cvalues)
04 print(cvalues)      # => [20.1, 20.8, 21.9, 22.5, 22.7, 22.3, 21.8, 21.2, 20.9, 20.1]
05 print(C)            # => [ 20.1  20.8  21.9  22.5  22.7  22.3  21.8  21.2  20.9  20.1]
06 print(type(C))      # => <class 'numpy.ndarray'>
```

第3行使用列表构建了一个ndarray数组。第4行和第5行的输出结果非常类似。二者在显示形式上非常相似，但本质上完全不同。列表与ndarray数组有很多差别：ndarray不用编写循环就可以对数据进行批量操作，通常称为矢量化（vectorization）。数组与标量的算术运算将标量值传播到数组的各个元素，相当于将标量按照数组的长度进行复制，然后每个对应位置进行运算。图7.1展示了数组np.array([1,2])与标量1.6相乘的运算过程。

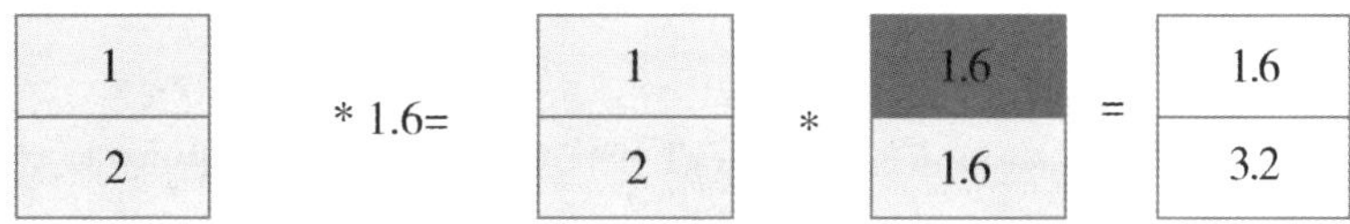

图7.1　数组np.array([1,2])与标量1.6相乘的运算示意图

大小相等的ndarray数组之间的任何算术运算都是元素级，即对应元素进行运算。图7.2展示了两个数组之间进行减、乘和除的运算过程。

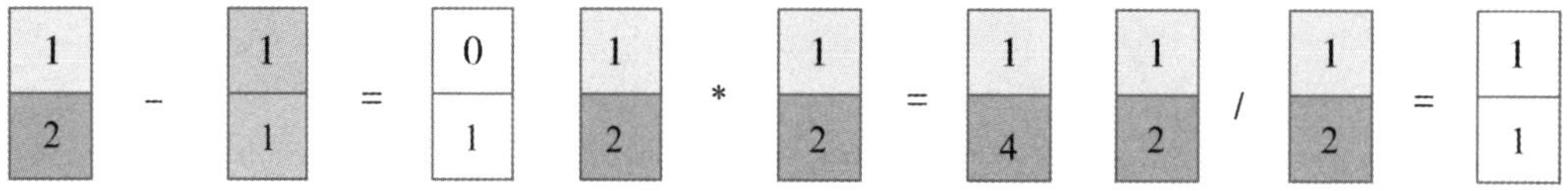

图 7.2　两个数组之间进行减、乘和除的运算示意图

对于二维或更高维度的运算,也是完全相同,进行元素级运算,如图 7.3 所示。

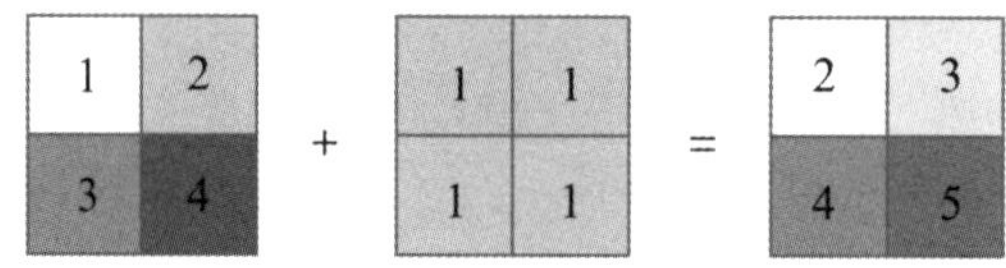

图 7.3　二维数组的运算示意图

以下代码展示了一些更复杂的运算,但原理与上述内容相同。

```
01 # 将值转换为华氏度
02 print(C)
03 print(C * 9 / 5 + 32)
04 v = np.array([1,2,3,4])
05 w = np.array([3,2,1,4])
06 print(v*w) # => [ 3  4  3 16]
07 A = np.array([ [11, 12, 13], [21, 22, 23], [31, 32, 33] ])
08 B = np.array([ [11, 102, 13], [201, 22, 203], [31, 32, 303] ])
09 print(A == B)
```

```
[20.1 20.8 21.9 22.5 22.7 22.3 21.8 21.2 20.9 20.1]
[68.18 69.44 71.42 72.5  72.86 72.14 71.24 70.16 69.62 68.18]
[ 3  4  3 16]
[[ True False  True]
 [False  True False]
 [ True  True False]]
```

矢量化(批量操作)是 Numpy 的最大特点和优势,不仅书写简单,而且计算效率远超于列表。观察表达式 C * 9 / 5 + 32,它将摄氏度转换为华氏度,C 当中的每个元素都会执行相同的运算,从而得到一组新的 ndarray,在这个过程中不需要执行循环。第 4-6 行展示了两个长度相同的数组进行元素级的对应相乘,输出结果构成一个新的数组。第 7-9 行对两个长度相等的二维数组进行比较,将比较后的逻辑值形成一个新的二维数组。

ndarray主要为矢量提供了一种高效的数据结构，用于高效地实现矢量操作。

当数据量比较大的时候，很难从数据本身直接获取数据的特征。将数据进行可视化是一种非常有效的途径。Numpy的数据可以通过简单的方法直接进行可视化。以下代码将上面示例中的摄氏度数据进行了可视化，形成了一个折线图，如图7.4所示。

```
%matplotlib inline
import matplotlib.pyplot as plt
plt.plot(C)
plt.show()
```

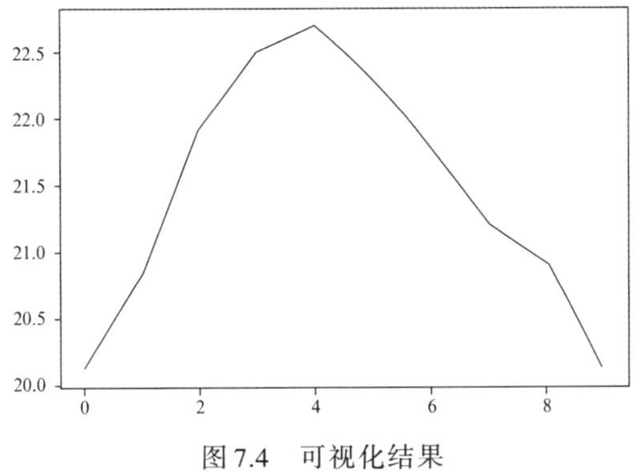

图7.4 可视化结果

7.2 数组和列表的异同比较

数组和列表的异同比较-内存模型

Numpy.ndarray的主要优势在于较小的内存消耗和较高的运行效率。

7.2.1 内存模型

图7.5展现了Numpy.ndarray的内存模型，ndarray包括头信息（General Array Information）和元素占用的空间，其中头信息（灰色区域）包含type（类型），ndim（维度），shape（表示各维度大小的元组）和dtype（表示数组的数据类型）等。ndarray中所有元素必须是相同数据类型，即dtype。从ndarray的内存模型图7.5中可以看出，ndarray是一个对象，拥有头信息（灰色区域），数据存储区域（白色区域）的内存模型，与C语言的数组非常相似，保证了ndarray的计算效率。列表与ndarray的最大不同在于ndarray是直接存储元素本身，而列表存储的是一系列对象的引用（ptr）。列表中的数据存储在列表之外，而ndarray的数据存储在自身的空间中。列表中的数据可以是各种类型，因此每个数据的类

型都是由独立的对象存储，而ndarray的所有数据都必须是相同类型，类型信息dtype存储在ndarry的头信息中。

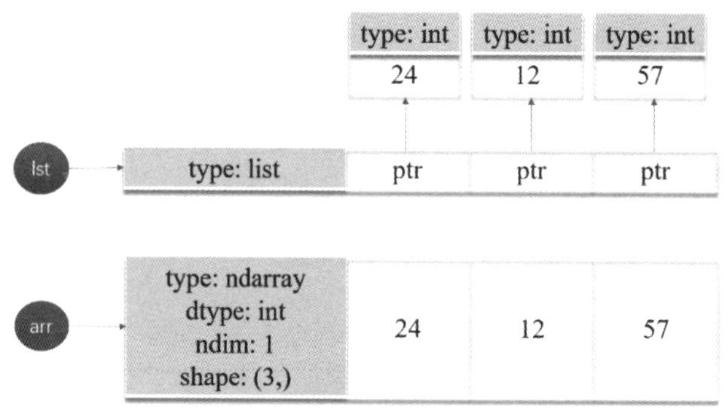

图7.5 list和ndarray内存对比

以下计算的结果基于win10的64位平台，不同操作系统不同平台输出不同。

```
01 from sys import getsizeof
02 print(getsizeof(np.array([24, 12, 57])))      # => 108
03 print(getsizeof(np.array([])))                # => 96
04 print(getsizeof(24))                          # => 28
```

观察计算结果，空的ndarray和包含三个整型数据的ndarray之间相差12个字节，也就是说每个整型占据4个字节。但第4行实际得到一个整型占据的空间为28字节。这是因为Python中一切皆对象，整型也是对象，其中24字节为数据类型等头信息，数据值的存储只占据4字节。在ndarray中，所有元素的数据类型必须相同，不需要重复存储到每个元素中，因此只在ndarray的头信息中统一存储，ndarray的数据区只存储数据值。综上所述，可以推断一个整型的ndarray占据的空间为96 + n * 4字节，其中n为整型数据的个数，每个整型数值占据4字节，ndarray的头信息占据96字节。

```
print(getsizeof(24))              # => 28
print(getsizeof([24, 12, 57]))    # => 88
print(getsizeof([]))              # => 64
```

整型数据列表占据的空间为64 + 8 * n + n * 28。

结合4.2节列表的内存模型以及图4.4，列表存储每个对象的引用，每个引用占据8字节。但列表中每个元素独立存储，一个整型对象占据28字节，根据以上代码的计算结果，可以得到存放整型数据的列表占据的空间为64 + 8 * n + n * 28,其中n为整型数据的个数,64是列表头信息占据的空间。综上所述,数组的内存空间占用远小于列表。

7.2.2 计算效率

数组和列表的异同比较-计算效率

与标准Python比较,Numpy的一个主要优势就是计算效率高。

为了进行效率比较,引入Timer对象测量执行时间,简单且高效。Timer的构造函数以一个要被测量的语句为参数,另外一条语句用来辅助构造执行环境,称为setup语句,这两条语句的默认值为pass。Timer对象有一个timeit方法,它的参数number表示被执行次数。setup语句被执行一次,然后函数返回主语句执行number次的时间,单位为秒。

```
import numpy as np

size_of_vec = 1000

X_list = range(size_of_vec)
Y_list = range(size_of_vec)

X = np.arange(size_of_vec)
Y = np.arange(size_of_vec)

def pure_python_version():
    Z = []
    for i in range(len(X_list)):
        Z.append(X_list[i] + Y_list[i])

def generator_version():
    Z = [X_list[i] + Y_list[i] for i in range(len(X_list)) ]

def numpy_version():
    Z = X + Y
from timeit import Timer
timer_obj1 = Timer("pure_python_version()",
```

```
23                          "from __main__ import pure_python_version")
24 timer_obj2 = Timer("generator_version()",
25                          "from __main__ import generator_version")
26 timer_obj3 = Timer("numpy_version()",
27                          "from __main__ import numpy_version")
28
29 print(timer_obj1.timeit(10))     # => 0.002905000001192093
30 print(timer_obj2.timeit(10))     # => 0.0024502002634108067
31 print(timer_obj3.timeit(10))     # => 6.189988926053047e-05
```

以上代码示例构建了三个函数，其中pure_python_version采用纯Python循环的方式；generator_version采用列表推导式的方式；而numpy_version采用Numpy的方式。三个函数的功能完全相同，但最后的执行时间上有较大差异。第23行中的__main__表示当前文件，即从当前文件中导入pure_python_version函数。

为了取得更稳定的时间测量，下面代码采用repeat()函数执行repeat个轮次，每轮执行number次。即重复执行3轮，每轮执行10次，求每轮次的平均运行时间。

```
print(timer_obj1.repeat(repeat=3, number=10))
print(timer_obj2.repeat(repeat=3, number=10))
print(timer_obj3.repeat(repeat=3, number=10))
```

```
[0.003329499624669552, 0.0030760997906327248, 0.0030930996872484684]
[0.0025727003812789917, 0.0023739002645015717, 0.0024629998952150345]
[3.620004281401634e-05, 5.21000474691391e-05, 1.5200115740299225e-05]
```

从计算结果中可以看出，列表推导式的效率要略高于普通循环，但ndarray的计算效率要比前两种方法大约高出两个数量级。

以上代码测试时间比较复杂，在jupyter中，可以使用魔法命令%timeit，它将代码默认运行7轮，每轮运行1,000,000次，给出三次最快的平均运行时间和方差。

```
%timeit pure_python_version()
%timeit generator_version()
%timeit numpy_version()
```

282 μs ± 1.73 μs per loop (mean ± std. dev. of 7 runs, 1000 loops each)

246 μs ± 1.37 μs per loop (mean ± std. dev. of 7 runs, 1000 loops each)

1.21 μs ± 11.1 ns per loop (mean ± std. dev. of 7 runs, 1000000 loops each)

可以看到，魔法命令使用更加方便。与此类似，%time 将会给出当前行的代码运行一次所花费的时间：

```
%time np.random.normal(size=1000)
```

Wall time: 2.99 ms

%%time 将会给出当前cell的代码运行一次所花费的时间：

```
01 %%time
02 import time
03 for _ in range(1000):
04         time.sleep(0.01)# 休眠0.01秒
```

Wall time: 10.9 s

其中第3行的下划线表示无名临时变量。因为在这个示例中，只是为了控制循环次数，对循环控制变量并没有使用需求，所以采用无名临时变量的形式。

7.3　创建、索引和切片

创建、索引和切片-创建

7.3.1　创建

除了前文提到的从列表创建数组之外，还可以用以下两种方式进行创建：

1）构造指定步长的整型数组，arange([start,] stop[, step], [, dtype=None])

2）构造等间距的浮点型数组，linspace(start, stop, num=50, endpoint=True, retstep=False)

其中arange()函数与列表的range()函数类似，但是可以指定数据类型dtype，只能有一个数据类型，数据类型涉及到空间分配和解析的方式，非常重要。而linspace()函数通过参数num指定生成数组的数量，endpoint指定是否包含尾结点，retstep指定是否返回间隔的步长。

```
import numpy as np

a = np.arange(1, 10)
print(a)                                # => [1 2 3 4 5 6 7 8 9]
x = np.arange(0.5, 10.4, 0.8)
print(x)  # => [ 0.5  1.3  2.1  2.9  3.7  4.5  5.3  6.1  6.9  7.7  8.5  9.3 10.1]
# 7个介于1和10之间的值:
print(np.linspace(1, 10, 7))            # => [ 1.   2.5  4.   5.5  7.   8.5 10. ]
# 排除末尾端点:
print(np.linspace(1, 10, 7, endpoint=False))
# => [1.    2.28571429 3.57142857 4.85714286 6.14285714 7.42857143  8.71428571]
samples, spacing = np.linspace(1, 10, retstep=True)
print(spacing)                          # => 0.1836734693877551
```

此外,还可以创建二维或多维数组:

```
A = np.array([ [3.4, 8.7, 9.9],
               [1.1, -7.8, -0.7],
               [4.1, 12.3, 4.8]])
print(A)
print(A.ndim)           # => 2
B = np.array([ [[111, 112], [121, 122]],
               [[211, 212], [221, 222]],
               [[311, 312], [321, 322]] ])
print(B)
print(B.ndim)           # => 3
```

每个ndarray都有一个ndim属性,表示数组的维度。

7.3.2 维度和维度变换

创建、索引和切片-维度和维度变换

函数numpy.shape()或ndarray的shape属性是一个整型元组,每个元素对应维度的长度,例如:shape为(6,3),表示有6行3列。

```
x = np.array([ [67, 63, 87],
               [77, 69, 59],
               [85, 87, 99],
               [79, 72, 71],
               [63, 89, 93],
               [68, 92, 78]])

print(np.shape(x))        # => (6, 3)
print(x.shape)            # => (6, 3)
```

每个维度也可以称之为一个坐标轴(axis),沿着行方向从上向下axis=0,沿着列方向从左到右axis=1,与平面垂直向里axis=2。如图7.6所示。

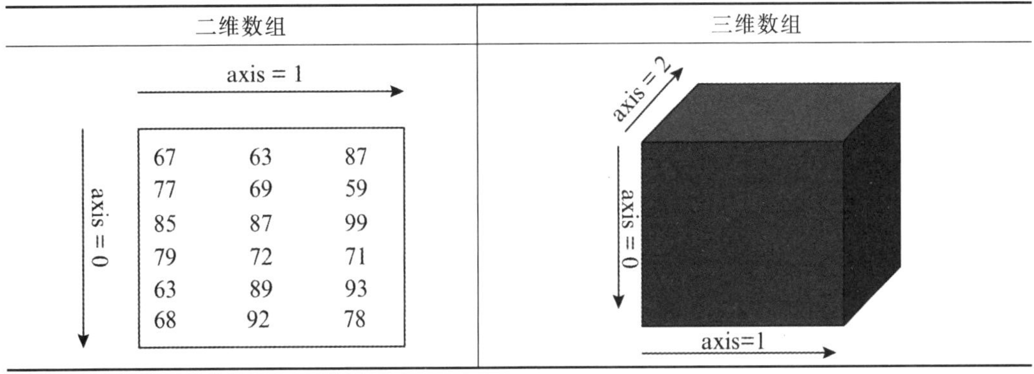

图7.6　坐标轴的方向

shape属性也可以用来改变ndarray的shape,如下所示：

```
print(x)
x.shape = (3, 6)
print(x)
x.shape = (2, 9)
print(x)
y = x.reshape(6,3)
print(x)
print(y)
print(np.may_share_memory(x,y))      # => True
```

```
x[0,0] = 100
print(y[0,0])                    # => 100
```

从以上代码可以看出，直接调用shape函数，是修改ndarray自身的shape信息；调用reshape函数，ndarray自身的shape信息不会修改，会创建一个新的头信息，但是数据区是共享的。也就是说，同样的数据，在不同的头信息描述下，就可以被当作不同shape的数组来使用。不同的头信息，但是共享数据区，称为视图，可理解为原有数据的一个别称或引用，通过该别称或引用亦可访问、操作原有数据，但原有数据不会产生拷贝。图7.7将展现了数组arange(1,7)的reshape的示意图。

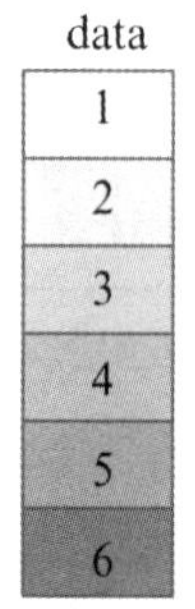

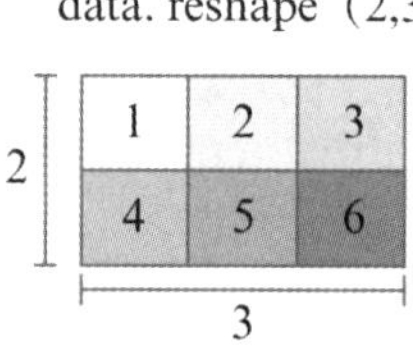

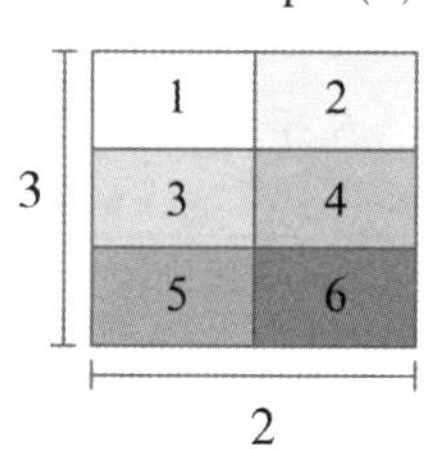

图7.7　数组arange(1,7).reshape示意图

调整维度在机器学习的很多算法中都会使用。参数order的可能值为{'C','F','A','K'}，控制副本数据在内存中的排列顺序。'C'指行优先存储，即同行的数据在内存中连续；'F'指列优先存储，即同列的数据在内存中连续，'A'和'K'两个选项很少被使用。由于历史原因，行优先和列优先存储又分别被称为C和Fortran顺序。连续内存访问会提高访问效率，因此选择行优先还是列优先主要由数据的主要访问方式决定。例如：np.arange(12).reshape((4, 3), order=?)的order参数设置'C'或'F'如图7.8所示。

0	1	2
3	4	5
6	7	8
9	10	11

order= 'C'

0	4	8
1	5	9
2	6	10
3	7	11

order= 'F'

图7.8　C顺序（行优先）和Fortran顺序（列优先）示意图

因为一维数据在机器学习及深度学习方面的广泛应用，将多维数组一维化是机器学习中另外一种数组常见操作。Numpy中提供了flatten()和ravel()两个函数将多维数组进行一维化，前者产生一个原数据的副本，而后者是原数据的视图。

```
A = np.array([[[ 0,  1], [ 2,  3], [ 4,  5], [ 6,  7]],
              [[ 8,  9], [10, 11], [12, 13], [14, 15]],
              [[16, 17], [18, 19], [20, 21], [22, 23]]])
Flattened = A.flatten()
print(Flattened)
print(np.may_share_memory(A,Flattened))
Ravel = A.ravel()
print(Ravel)
print(np.may_share_memory(A,Ravel))
print(A.ravel(order="F"))
```

请从以上代码的输出结果中体会列优先的含义。

创建、索引和切片-索引和切片

7.3.3　索引和切片

ndarray的索引和切片的方法与list完全相同，如图7.9所示：

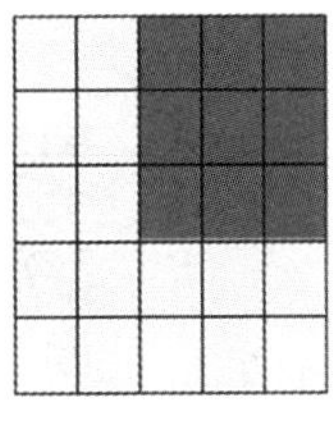

A[:3, 2:]

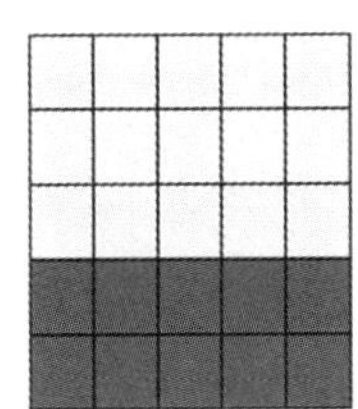

A[3:, :]

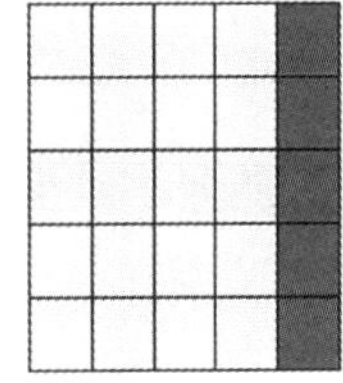

A[:, 4:]

图7.9　切片示意图，深色部分为切片

还可以利用步长进行间隔切片，例如数组X = np.arange(28).reshape(4, 7)进行间隔切片的示意如图7.10所示。

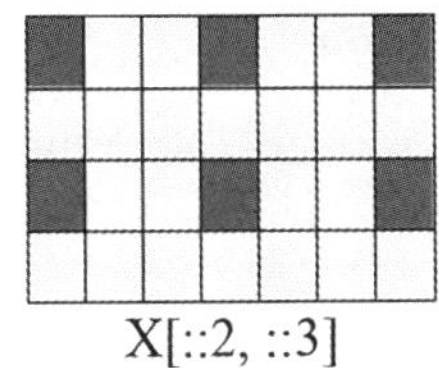

X[::2, ::3]

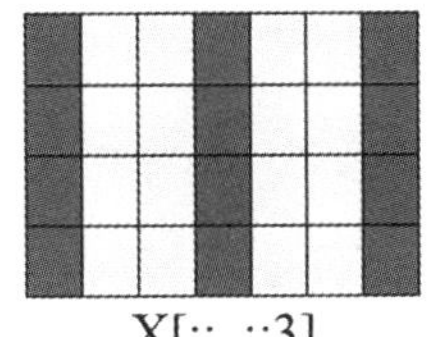

X[::, ::3]

图7.10　间隔切片示意图，深色部分为切片

当为列表或元组创建切片时，会产生一个副本。ndarray切片产生原始数据的视图。因此切片是访问ndarray的另外一种方式。当对切片进行修改时，原始的数据也会发生变化。

```
A = np.array([0, 1, 2, 3, 4, 5, 6, 7, 8, 9])
S = A[2:6]
S[0] = 22
S[1] = 23
print(A)                              # => [ 0  1 22 23  4  5  6  7  8  9]
np.may_share_memory(A, S)             # => True
```

对列表做相同的操作时,结果完全不一样,因为列表的切片是副本。

```
lst = [0, 1, 2, 3, 4, 5, 6, 7, 8, 9]
lst2 = lst[2:6]
lst2[0] = 22
lst2[1] = 23
print(lst2)
print(lst)                            # => [0, 1, 2, 3, 4, 5, 6, 7, 8, 9]
np.may_share_memory(lst,lst2)         # => False
```

7.3.4 创建全1或全0的ndarray

创建、索引和切片-创建全1或全0的ndarray

全1或全0的ndarray使用非常频繁,因此numpy中提供了专门的函数创建这种类型的ndarray,如图7.11所示。下面三条是ones()函数的三条主要特征:

- ones(t)函数的参数t是一个元组,表示ndarray的shape;
- 默认的1是浮点型数据,可以通过dtype参数将其设置为整型;
- 浮点型数据在大规模数值计算中使用最为频繁。

此外,有两个函数与ones()函数非常类似:zeros()函数和random.random函数,前者将所有数据填充为0,后者用随机值填充,其他方面与ones()函数完全相同。如图7.12、图7.13所示。

```
import numpy as np

E = np.ones((3))
```

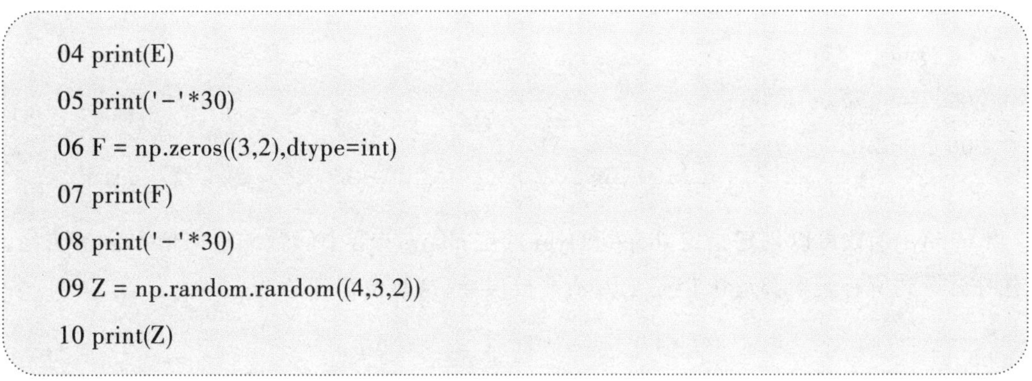

```
print(E)
print('-'*30)
F = np.zeros((3,2),dtype=int)
print(F)
print('-'*30)
Z = np.random.random((4,3,2))
print(Z)
```

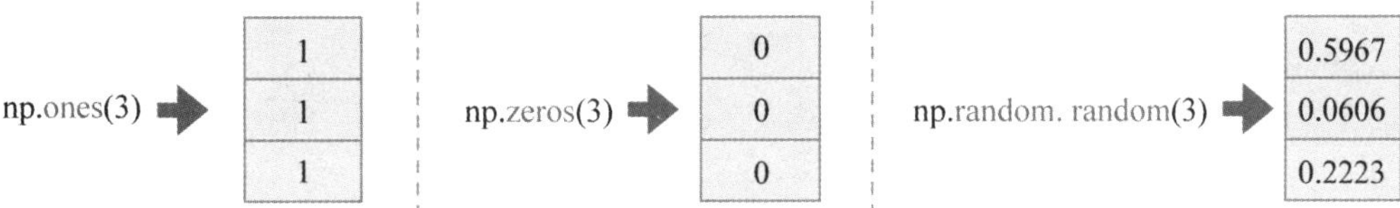

图 7.11　创建全 1，全 0 和随机数的一维数组

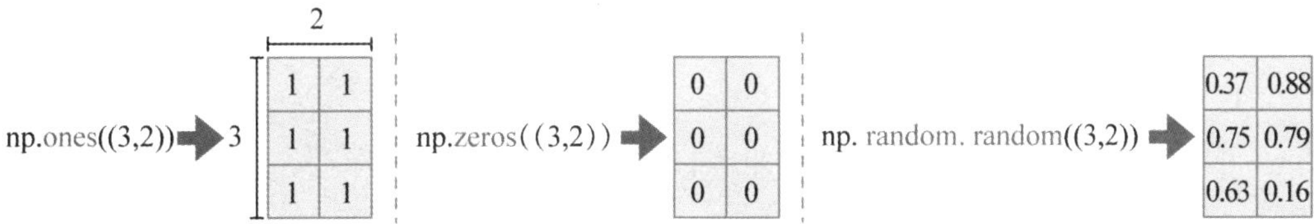

图 7.12　创建全 1，全 0 和随机数的二维数组

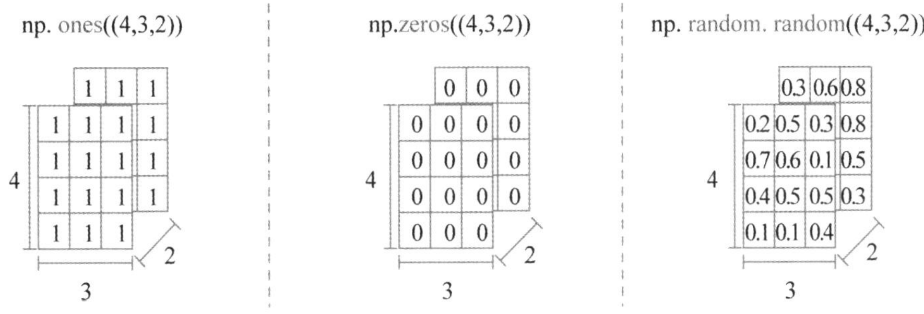

图 7.13　创建全 1，全 0 和随机数的三维数组

此外还有一种常用的方式创建全 1 或全 0 的 ndarray。假如已经存在一个 ndarray 数组 a，可以用 oneslike(a)函数和 zeroslike(a)函数创建相同 shape 的全 1 或全 0 数组。

```
x = np.array([2,5,18,14,4])
E = np.ones_like(x)
print(E)
```

```
print('-'*30)
Z = np.zeros_like(x)
print(Z)
```

empty()函数可以创建指定shape和type的空ndarray,这个函数的返回值不会初始化。有时会看到所有元素都是0,但是千万不要被误导,这些值是任意的。

```
np.empty((2, 4))
```

7.3.5 Identity ndarray

创建、索引和切片-Identity ndarray

在线性代数中,size为n的identity矩阵(单位矩阵)指主对角线上为1、其他位置为0的n × n方阵。Numpy中可以通过两种方式创建单位矩阵。

1. identity函数

可以通过identity()函数创建单位矩阵,即主对角线为1的方阵。

identity(n, dtype=None)

identity()函数参数如表7.1所示。

表7.1 identity()函数参数含义

参数	含义
n	An integer number defining the number of rows and columns of the output, i.e. 'n' x 'n'
dtype	An optional argument, defining the data-type of the output. The default is 'float'

```
import numpy as np

print(np.identity(4))
print(np.identity(4, dtype=int))    # 等价于 np.identity(4, int)
```

2. eye函数

eye()函数与identity()函数主要区别在于它创建一个长方形矩阵,通过参数k指定主对角线。

eye(N, M=None, k=0, dtype=float)

eye()函数如表7.2所示：

表7.2 eye()函数参数含义

参数	含义
N	An integer number defining the rows of the output array.
M	An optional integer for setting the number of columns in the output. If it is None, it defaults to 'N'.
k	Defining the position of the diagonal. The default is 0. 0 refers to the main diagonal. A positive value refers to an upper diagonal, and a negative value to a lower diagonal.
dtype	Optional data-type of the returned array.

```
import numpy as np
np.eye(5, 8, k=1, dtype=int)
```

参数k的作用如图7.14所示。

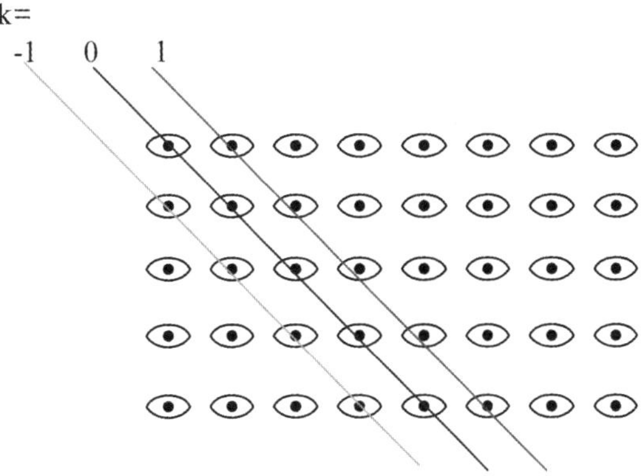

图7.14 eye函数参数k的作用

7.3.6 ndarray的复制

创建、索引和切片-ndarray的复制

可以调用ndarray.copy(order='C')实现ndarray的复制。参数order的含义如图7.8所示。

```
import numpy as np
x = np.array([[42,22,12],[44,53,66]], order='F')
y = x.copy()
```

```
x[0,0] = 1001
print(x)
print(y)
print(id(x))
print(id(y))
print(np.may_share_memory(x,y))  # => False
```

np.may_share_memory()函数可以检测两个ndarray是否共享相同的内存。很明显，ndarray的copy()函数创造了新的内存空间。

7.4 通用函数ufunc

通用函数ufunc

Universal functions(ufunc)是Numpy中简单的数学函数[①]。这些函数对ndarray的数据执行元素级运算，它们接受一个或多个标量值，并产生一个或多个标量值，也可以理解为矢量化运算的函数。此外，Numpy内置的许多ufunc函数都是C语言实现的，计算速度非常快。图7.15是max，min和sum函数的可视化结果。

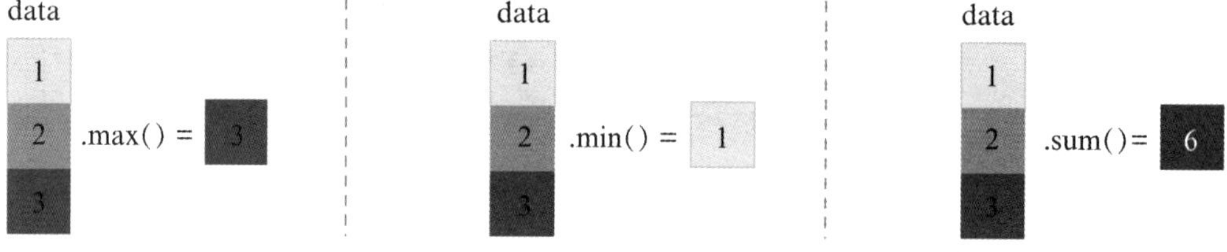

图7.15 max，min和sum函数的可视化

以下列出了Numpy常用的几类ufunc函数。

数学函数[②]：

- 数学操作(power, mod, log, sqrt和gcd等)
- 三角函数(sin, cos, arctan和degrees等)
- 超函数(sinh, cosh, arcsinh, arccosh和arctanh等)
- 取整函数(around, rint, trunc, floor和ceil等)
- 求和乘积函数(sum, prod, cumsum, diff, gradient和cross等)

① https://numpy.org/doc/1.17/reference/routines.html

② https://numpy.org/doc/1.17/reference/routines.math.html

统计函数[1]：

- order统计(amin, nanmax, ptp, percentile和quantile等)
- 平均值和方差函数(median, average, mean, std和var等)
- 相关性函数(corrcoef, correlate和cov等)
- 条形图函数(histogram, bincount和digitize等)

逻辑函数[2]：

- 真值测试(all, any)
- 数组内容(isnan, isinf, isfinite等)
- 类型测试(isscalar, isreal, iscomplex等)
- 比较函数(greater, less, notequal, equal和greaterequal等)
- 逻辑操作(logicaland, logicalor, logicalxor和logicalnot invert, leftshift和rightshift等)

排序(sort),计数(count_nonzero),搜索(searchsorted)等函数[3]:

Numpy部分常用的统计类函数如表7.3所示。

表7.3 Numpy部分常用的统计类函数

函数	描述
amin, amax	returns minimum or maximum of an array or along an axis
ptp	returns range of values (maximum−minimum) of an array or along an axis
percentile(a, p, axis)	calculate pth percentile of array or along specified axis
median	compute median of data along specified axis
mean	compute mean of data along specified axis
std	compute standard deviation of data along specified axis
var	compute variance of data along specified axis
average	compute average of data along specified axis

以下代码是一些ufunc函数的使用示例。

```
# Python code demonstrate statistical function
import numpy as np

weight = np.array([50.7, 52.5, 50, 58, 55.63, 73.25, 49.5, 45])

```

① https://numpy.org/doc/1.17/reference/routines.statistics.html

② https://numpy.org/doc/1.17/reference/routines.statistics.html

③ https://numpy.org/doc/1.17/reference/routines.sort.html

```
print('Minimum and maximum weight of the students: ')
print(np.amin(weight), np.amax(weight))                # => 45.0 73.25
print('Range of the weight of the students: ')
print(np.ptp(weight))                                  # => 28.25
print('Weight below which 70 % student fall: ')
print(np.percentile(weight, 70))                       # => 55.317
print('Mean weight of the students: ')
print(np.mean(weight))                                 # => 54.3225
print('Median weight of the students: ')
print(np.median(weight))                               # => 51.6
print('Standard deviation of weight of the students: ')
print(np.std(weight))                                  # => 8.052773978574091
print('Variance of weight of the students:  ' )
print(np.var(weight))                                  # => 64.84716875
print( ' Average weight of the students: ')
print(np.average(weight))                              # => 54.3225
```

7.5 矩阵操作

矩阵操作-点积

7.5.1 点积

点积是矩阵的常见操作。因为Numpy的*运算表示元素级运算，因此点积采用函数dot完成。要特别注意这个差别，乘积是对应元素相乘的结果，但是点积相当于矩阵的乘法。以下三条是一维、二维和多维矩阵进行点积运算的规则。

- 一维数组的点积相当于内积；
- 二维矩阵的点积，要求***A***矩阵的行和***B***矩阵的列相同；

➢ 对于N维数组,点积是第一个矩阵A最后一个维度和第二个矩阵B倒数第二维度对应元素乘积的累加和,因此要求*A.shape[-1] == B.shape[-2]*。

图7.16展示了一个一维数组和一个二维数组做点积运算的可视化示例。

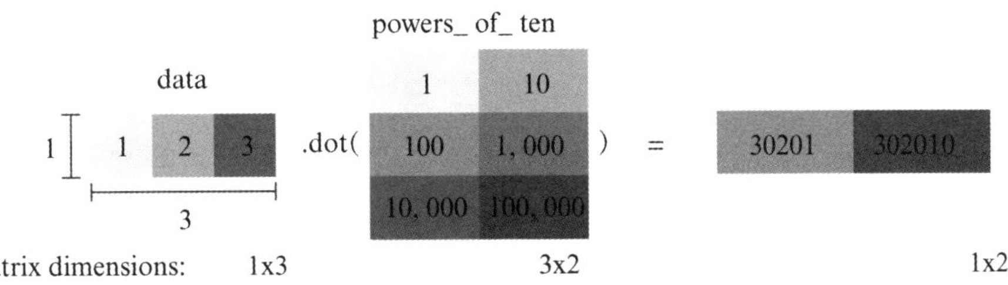

图7.16 点积运算的可视化

为了进一步了解具体的运算过程,进一步将这个运算过程分解,如图7.17所示。

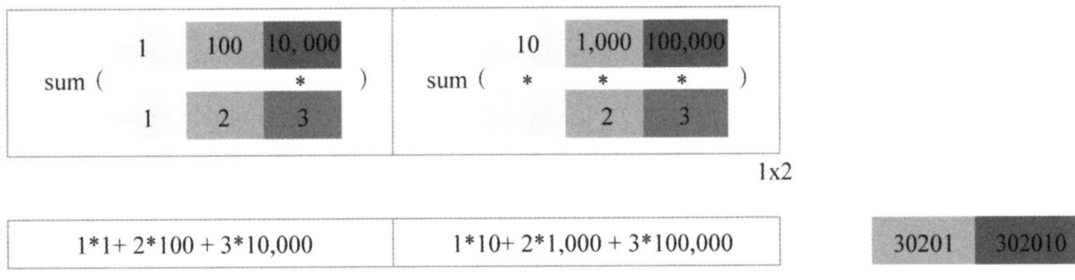

图7.17 点积运算的详细计算过程

以下是点积运算的具体代码。第4行是元素级乘法。第6行与第7行的运算结果完全相同,实际上在Numpy中,用@符号代替dot()函数,方便书写:

```
01 A = np.array([ [1, 2, 3], [2, 2, 2], [3, 3, 3] ])
02 B = np.array([ [3, 2, 1], [1, 2, 3], [-1, -2, -3] ])
03
04 R = A * B
05 print(R)
06 print(A.dot(B))
07 #print(A@B)                           #与上一行等同,其中@是点积运算符
08 print(A.shape[-1] == B.shape[-2])    # => True
```

```
[[ 3   4   3]
 [ 2   4   6]
 [-3  -6  -9]]
[[ 2   0  -2]
```

```
[ 6  4  2]
[ 9  6  3]]
True
```

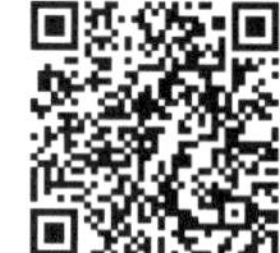
矩阵操作-广播

7.5.2 广播(Broadcasting)

广播是Numpy提供的一个非常强大的功能,它允许不同shape的ndarray之间能进行运算。主要表现为,当小ndarray和大ndarray运算时,让小ndarray在大ndarray上执行多次。也就是说,小ndarray沿着指定坐标轴被广播到大ndarray上。 广播功能让Numpy避免了使用循环。例如:当一维ndarray与标量进行算术运算时,会将标量广播到一维ndarray的每个元素上进行相同的运算。

广播的原则:

- 从末尾开始算起的维度叫后缘维度(trailing dimension);
- 符合以下两个条件之一,称为广播兼容。只有广播兼容的两个数组才能进行广播操作:
  1)两个数组的后缘维度的轴长度相符;
  2)其中一方的长度为1。
- 广播会在缺失维度和(或)轴长度为1的维度上进行。

1. 后缘维度相同

```
A = np.array([ [11, 12, 13], [21, 22, 23], [31, 32, 33] ])
B = np.array([1, 2, 3])
print(A.shape)   # => (3, 3)
print(B.shape)   # => (3,)

print(A * B)
print(A + B)
```

两个矩阵的后缘维度相同,都是3,但是B的axis=0维度缺失,因此沿着axis=0的方向进行广播。广播发生的具体过程如图7.18所示:

B相当于沿着axis=0重复了3次。与B = np.array([[1, 2, 3],] * 3)表达的含义相同。

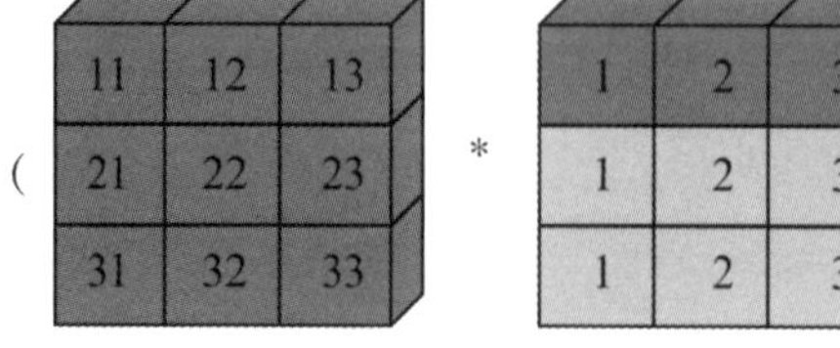

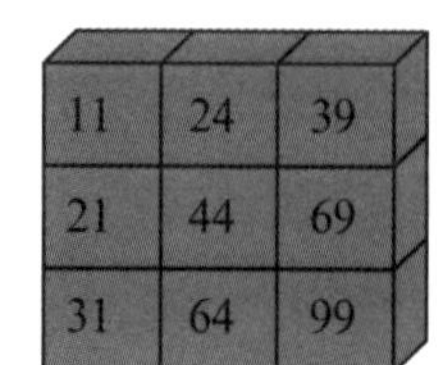

图7.18 广播机制示意图1

图7.19展示了一个shape为(3,4,2)的数组A与shape为(4,2)的数组B进行广播操作。A和B的后面两个维度相同,即后缘维度相同,因此广播兼容。B在axis=0上缺失,因此沿着axis=0进行广播。正常情况下,axis=0为沿着纵轴向下,为了制图方便,图7.19将axis=0放在垂直屏幕向里的方向。

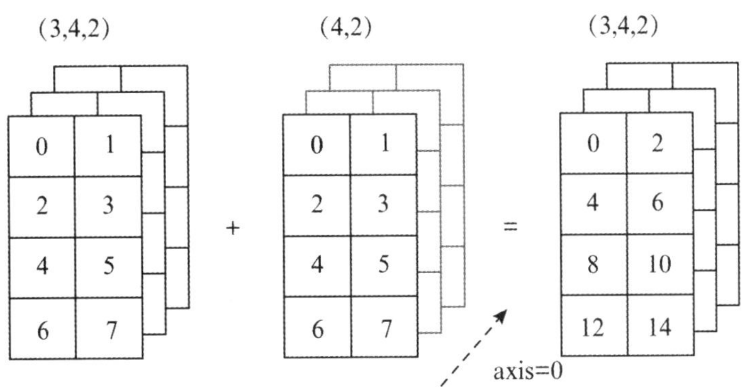

图7.19　广播机制示意图2。为了制图方便,将axis=0置于垂直屏幕向里的方向。

2. 一方的轴长度为1

```
B = np.array([1, 2, 3])
C=B[:, np.newaxis]
print(A)
print(C)
#使用广播进行乘法
print(A * C)
```

B是一个一维数组,在添加一个新维度np.newaxis后,C成为二维数组。原来B的数据作为C的行数据。在A和C进行运算时,在axis=1方向,C的长度为1,符合广播兼容。因此C沿axis=1重复了3次,相当于np.array([[1, 2, 3],] * 3).transpose(),其中transpose()函数表示矩阵转置,如图7.20所示。

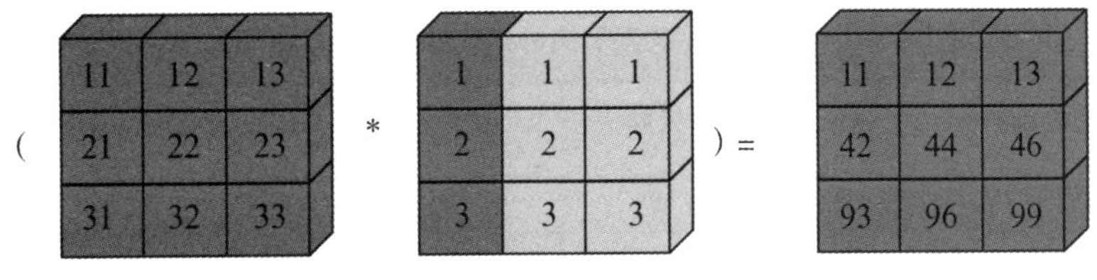

图7.20　广播机制示意图3

3. 两个维度上的广播

```
A = np.array([10, 20, 30])
B = np.array([1, 2, 3])
C = A[:, np.newaxis]
print(C.shape)          # => (3, 1)
print(B.shape)          # => (3,)
print(C)
print(B)
print('-'*30)
print(B*C)              # 使用广播
```

C在axis=1上轴长度为1，沿着axis=1进行广播；B在axis=0上轴长度为1，沿着axis=0进行广播。图7.21展现了具体过程。

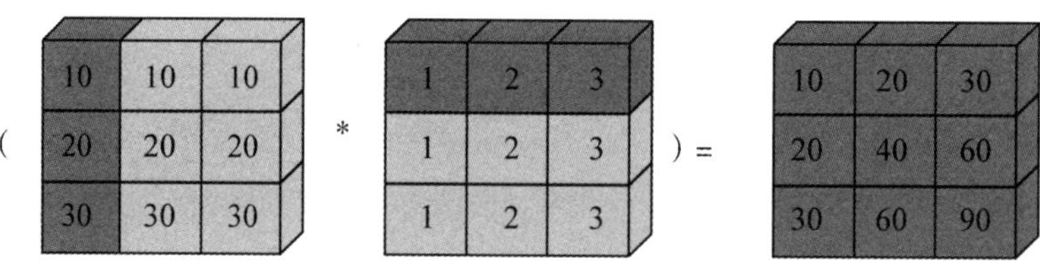

图7.21　广播机制示意图4

4. 广播小结

总体而言，广播兼容和广播机制比较复杂。可以按照以下步骤进行处理，简化广播的处理机制，快速理解广播。

1)如果两个矩阵维度不同，维度小矩阵的shape前补1，让二者维度相同；

2)在对应轴长度上，如果二者不同，一方为1，则沿该轴广播；

3)在对应轴长度上，如果二者不同，都不为1，不能广播。

示例的矩阵shape汇总如表7.4所示。

表7.4　以上示例的矩阵shape汇总

矩阵	后缘相同	后缘相同	轴长度为1	多个轴
第一个矩阵	(3,3)	(3,4,2)	(3,3)	(3,1)
第二个矩阵	(3,)	(4,2)	(3,1)	(3,)
补1后第二个矩阵	(1,3)	(1,4,2)	(3,1)	(1,3)

5. 实际应用——计算距离矩阵

在数学、计算机科学，尤其是图论中，经常会计算一个几个集合各个元素之间的距离矩阵，下面的示例展现了距离矩阵的计算方法：

```
01 cities = ["Barcelona", "Berlin", "Brussels", "Bucharest",
02               "Budapest", "Copenhagen", "Dublin", "Hamburg", "Istanbul",
03               "Kiev", "London", "Madrid", "Milan", "Moscow", "Munich",
04               "Paris", "Prague", "Rome", "Saint Petersburg",
05               "Stockholm", "Vienna", "Warsaw"]
06 dist2barcelona = [0,  1498, 1063, 1968,
07                     1498, 1758, 1469, 1472, 2230,
08                     2391, 1138, 505, 725, 3007, 1055,
09                     833, 1354, 857, 2813,
10                     2277, 1347, 1862]
11
12 dists =  np.array(dist2barcelona[:5])  #以前5个城市为例
13 print(dists)                           # => [   0 1498 1063 1968 1498]
14 print('-'*30)
15 print(np.abs(dists - dists[:, np.newaxis]))
```

cities列举了一些世界知名城市，而dist2barcelona记录了这些城市与巴塞罗那(Barcelona)之间的距离。dists[:, np.newaxis]相当于增加维度并转置。使用广播，在两个维度上计算对应两个距离的差值，并求绝对值，迅速计算了前5个城市的距离矩阵（第15行）。

7.5.3 数据连接

矩阵操作-数据连接

1. Concatenating Arrays

```
x = np.array([11,22])
y = np.array([18,7,6])
z = np.array([1,3,5])
c = np.concatenate((x,y,z))
print(c)  # => [11 22 18  7  6  1  3  5]
```

第4行((x,y,z))的双重括号会让初学者感觉到一些疑惑，实际上内层括号把x,y,z封装成了一个元组，然后把这个元组作为concatenate()函数的参数。

- 当需要连接多维数组时，被连接的数组必须具有相同的shape；
- 要为concatenate()函数指定axis参数；
- axis的默认值为0。

```
import numpy as np
data1 = [
    [[11, 12, 13], [14, 15, 16], [17, 18, 19]],
    [[21, 22, 23], [24, 25, 26], [27, 28, 29]]
]

data2 = [
    [[41, 42, 43], [44, 45, 46], [47, 48, 49]],
    [[51, 52, 53], [54, 55, 56], [57, 58, 59]]
]

a = np.array(data1)
b = np.array(data2)
print(np.concatenate((a,b)))          # np.concatenate((a, b), axis=0) == np.vstack((a, b))
print(np.concatenate((a,b),axis=1)) # np.concatenate((a, b), axis=1) == np.hstack((a, b))
print(np.concatenate((a,b),axis=2)) # np.concatenate((a, b), axis=2) == np.dstack((a, b))
```

从代码角度讲，axis=0对应最外层方括号，axis=1对应第二层方括号，依次类推。axis=0沿着第一维进行堆叠，可将a和b第一层括号内的部分视为一个整体，将对应部分连接成为一个元素；axis=1沿着第二维进行堆叠，将第二层括号里面的东西视为一个整体，将对应部分连接成为一个元素；axis=2沿着第三维进行堆叠，将第三层括号里面的东西视为一个整体，将对应部分连接成为一个元素。沿着三个轴上的连接可以分别用vstack(), hstack(), dstack()代替，三个函数的首字母分别代表vertical，horizonal和deep，如图7.22所示。

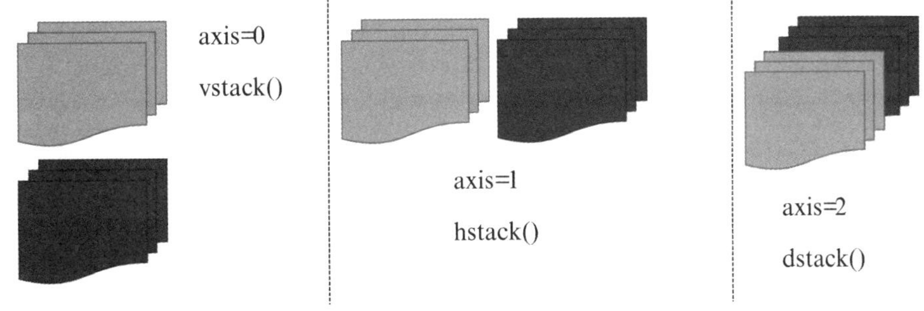

图7.22　重复构造示意图

2. 重复模式

有时需要将已有的矩阵重复多次构造新矩阵，改变矩阵的shape，甚至维度。例如用一维ndarray数组array([3.4])构造array([3.4, 3.4, 3.4, 3.4, 3.4])，就是将原数组重复5次。下面的示例展现了将二维数组np.array([[1, 2], [3, 4]])改变为shape(6,8)的新数组。

```
import numpy as np
x = np.array([ 3.4])
y = np.tile(x, (5,))
print(y)  # => [3.4 3.4 3.4 3.4 3.4]
x = np.array([ [1, 2], [3, 4]])
y = np.tile(x, (3,4))
print(y)
```

图7.23展现了构造过程。

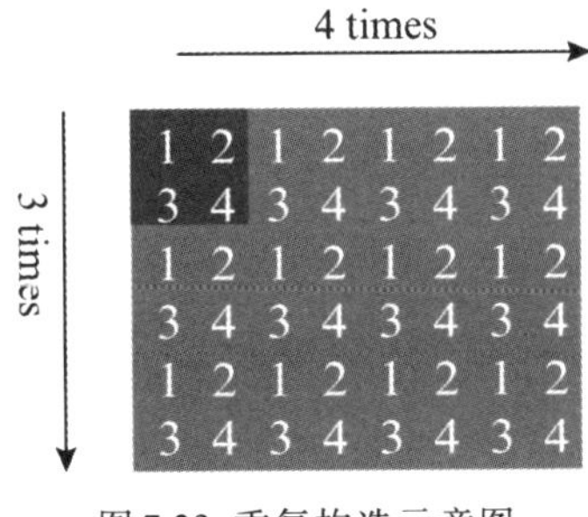

图7.23 重复构造示意图

7.6　随机数

随机数很重要，它是以现代密码学为基础的信息安全系统的基石。现代信息安全系统的安全性完全依赖于随机数序列的生成效率和质量。随机数在基于计算机或Internet的通信和交易中有着广泛的应用。比如数据加密、密钥管理、公钥和私钥的产生、电子商务、数字签名、身份鉴定以及蒙特卡罗仿真等都要用到随机数。

深度学习网络模型中初始的权值参数通常都是初始化成随机数,而使用梯度下降法最终得到的局部最优解对于初始位置点的选择很敏感。种子的随机性带来了训练过程的随机性,才能让深层网络收集原始数据各个方面的特征,最终得到精确的结果。

真正的随机数是使用物理现象产生的:比如掷钱币、骰子、转轮、使用电子元件的噪声、核裂变等,这样的随机数发生器叫作物理性随机数发生器,它们的缺点是技术要求比较高。真正意义上的随机数(或者随机事件)在某次产生过程中是按照实验过程中表现的分布概率随机产生的,其结果是不可预测、不可见的。而计算机中的随机函数是按照一定算法模拟产生的,其结果是确定的、可见的。这个可预见的结果其出现的概率是100%。所以用计算机随机函数所产生的"随机数"并不是真随机,是伪随机数。伪随机数其实是有规律的,只不过这个规律周期比较长,但依旧可以预测。主要原因就是伪随机数是计算机使用算法模拟产生,这个过程并不涉及物理过程,所以不可能具有真随机数的特性。

7.6.1 生成随机数

在Numpy中,主要采用numpy.random产生随机数。创建随机ndarray数组主要包含设置随机种子、均匀分布和正态分布三部分内容。

```
01 import numpy as np
02 np.random.seed(10)
03 a = np.random.rand(3, 3)
04 print(a)
```

多次运行以上代码,就会观察到每次的结果都是一样的。这主要是因为计算机产生的随机数都是伪随机数,第2行设置了一个随机种子,当种子不变时,产生的随机数是相同的。第3行rand函数的参数指定了ndarray的size,表示生成一个3*3的数组。rand函数生成的随机数组是均匀分布的。此外,还可以使用uniform函数指定随机数取值范围和数组形状。

```
a = np.random.uniform(low = -1.0, high = 1.0, size=(2,2))
```

在使用过程中,最常见的随机数除了均匀分布外,还可以使用正态分布,代码如下所示:

```
# 生成标准正态分布随机数
a = np.random.randn(3, 3)
# 生成正态分布随机数,指定均值loc和方差scale
a = np.random.normal(loc = 1.0, scale = 1.0, size = (3,3))
```

7.6.2　随机打乱和选取

除了随机生成,还可以将一个已有的数组进行随机打乱。以下代码生成了一个升序的一维数组,但是调用shuffle函数进行了随机打乱顺序。

```
# 生成一维数组
a = np.arange(0, 30)
# 打乱一维数组顺序
print('before random shuffle:', a)
np.random.shuffle(a)
print('after random shuffle:', a)
```

对于二维数组,每一行是一个独立对象,因此调用shuffle进行随机打乱时,只会打乱行的顺序,列顺序不变。代码如下:

```
# 生成一维数组
a = np.arange(0, 30)
# 将一维数组转化成2维数组
a = a.reshape(10, 3)
# 打乱一维数组顺序
print('before random shuffle: \n{}'.format(a))
np.random.shuffle(a)
print('after random shuffle: \n{}'.format(a))
```

除了随机打乱顺序,还可以调用choice函数随机选取一部分元素。代码如下:

```
01 import numpy as np
02 a = np.arange(30)
03 b = np.random.choice(a, size=5)
04 print(b)  # => array([ 0, 10, 25, 10,  8])
```

从第4行的运行结果上可以看出,choice与shuffle的最大不同在于随机选择的数据是可以重复的。shuffle只是打乱了顺序,每个数据依旧只是出现了一次;但是choice选取时,每次都是完全随机的,可能存在重复。

7.7 Numpy保存和导入文件

Numpy可以方便地进行文件读写,如下面这种格式的文本文件(housing.data):

```
0.00632  18.00   2.310  0  0.5380  6.5750  65.20  4.0900   1  296.0  15.30 396.90   4.98  24.00
0.02731   0.00   7.070  0  0.4690  6.4210  78.90  4.9671   2  242.0  17.80 396.90   9.14  21.60
0.02729   0.00   7.070  0  0.4690  7.1850  61.10  4.9671   2  242.0  17.80 392.83   4.03  34.70
0.03237   0.00   2.180  0  0.4580  6.9980  45.80  6.0622   3  222.0  18.70 394.63   2.94  33.40
0.06905   0.00   2.180  0  0.4580  7.1470  54.20  6.0622   3  222.0  18.70 396.90   5.33  36.20
0.02985   0.00   2.180  0  0.4580  6.4300  58.70  6.0622   3  222.0  18.70 394.12   5.21  28.70
0.08829  12.50   7.870  0  0.5240  6.0120  66.60  5.5605   5  311.0  15.20 395.60  12.43  22.90
0.14455  12.50   7.870  0  0.5240  6.1720  96.10  5.9505   5  311.0  15.20 396.90  19.15  27.10
0.21124  12.50   7.870  0  0.5240  5.6310 100.00  6.0821   5  311.0  15.20 386.63  29.93  16.50
0.17004  12.50   7.870  0  0.5240  6.0040  85.90  6.5921   5  311.0  15.20 386.71  17.10  18.90
```

使用np.fromfile从文本文件'housing.data'读入数据,要设置参数sep = ' ',表示使用空白字符来分隔数据,空格或者回车都属于空白字符,读入的数据被转化成1维数组。代码如下:

```
d = np.fromfile('./work/housing.data', sep =' ')
```

为了方便数组的处理,Numpy提供了save和load接口,直接将数组保存成文件(保存为.npy格式),或者从.npy文件中读取数组。代码如下:

```
# 产生随机数组a
a = np.random.rand(3,3)
np.save('a.npy', a)

# 从磁盘文件'a.npy'读入数组
b = np.load('a.npy')
```

```
# 检查a和b的数值是否一样
check = (a == b).all()
print(check) # => True
```

7.8 实战案例：图像处理

图像是由像素点构成的矩阵，其数值可以用ndarray来表示。将上述介绍的操作用在图像数据对应的ndarray上，可以轻松实现图片的翻转、裁剪和亮度调整。

首先是读取图片并将其转换为ndarray数组。调用pyplot的imshow函数可以直接将ndarray数组按照图片形式进行显示，如图7.24所示。

```
import numpy as np
import matplotlib.pyplot as plt
from PIL import Image

# 读入图片
image = Image.open('./work/images/000000001584.jpg')
image = np.array(image)
# 查看数据形状，其形状是[H, W, 3]，
# 其中H代表高度，W是宽度，3代表RGB三个通道
print(image.shape)
plt.imshow(image)
```

图7.24　加载图片

接下来使用数组切片方式完成垂直方向翻转。垂直翻转相当于将图片最后一行与第一行交换，倒数第二行与第二行交换，依次类推。对于行指标，使用::-1来表示切片，负数步长表示以最后一个元素为起点，逆序遍历。对于列指标和RGB通道，仅使用“ : ”表示该维度不改变。

```
image2 = image[::-1, :, :]
plt.imshow(image2)
```

水平翻转与之类似，如图7.25所示。代码如下：

```
image3 = image[:, ::-1, :]
plt.imshow(image3)
#保存图片
im3 = Image.fromarray(image3)
im3.save('im3.jpg')
```

图7.25 图像垂直翻转和水平翻转

图像裁剪相当于给数组做切片，如图7.26所示，代码如下：

```
# 高度方向裁剪
H, W = image.shape[0], image.shape[1]
# 注意此处用整除，H_start必须为整数
H1 = H // 2
H2 = H
image4 = image[H1:H2, :, :]
```

```
plt.imshow(image4)
# 宽度方向裁剪
W1 = W//6
W2 = W//3 * 2
image5 = image[:, W1:W2, :]
plt.imshow(image5)
# 两个方向同时裁剪
image5 = image[H1:H2, W1:W2, :]
plt.imshow(image5)
```

图7.26　图像垂直剪裁、水平剪裁和双向剪裁

调整亮度相当于对数组中的每个值进行倍数调整，如图7.27所示，代码如下：

```
# 降低亮度
image6 = image * 0.5
plt.imshow(image6.astype( ' uint8 ' ))
# 提高亮度
image7 = image * 2.0
# 由于图片的RGB像素值必须在0-255之间，
# 此处使用np.clip进行数值裁剪
image7 = np.clip(image7, \
            a_min=None, a_max=255.)
plt.imshow(image7.astype( ' uint8 ' ))
```

图 7.27　图像变暗和变亮

减小图片尺寸相当于对数组进行间隔采样，如图 7.28 所示，代码如下：

```
#高度方向每隔一行取像素点
image8 = image[::2, :, :]
plt.imshow(image8)
#宽度方向每隔一列取像素点
image9 = image[:, ::2, :]
plt.imshow(image9)
#间隔行列采样，图像尺寸会减半，清晰度变差
image10 = image[::2, ::2, :]
plt.imshow(image10)
image10.shape
```

图 7.28　垂直间隔采样、水平间隔采样和双向间隔采样

本章习题

1. 创建一个命名为v的任意一维数组。

2. 创建一个新数组,包含第一个问题中创建的v数组中的所有索引为奇数的元素。

3. 采用数组v的倒序创建一个新数组。

4. 下面代码的输出结果是什么?

```
a = np.array([1, 2, 3, 4, 5])
b = a[1:4]
b[0] = 200
print(a[1])
```

5. 创建一个命名为m的任意二维数组。

6. 以m为基础创建一个新的二维数组,其中每一行都是m对应行的倒序。

7. 创建一个新数组,行和列都是m的倒序。

8. 删除m的第一行和最后一行,第一列和最后一列。

9. 将m的数据类型改为字符串类型,提示:用Numpy的astype函数。

10. 创建一个五行三列的全部为7的数组,提示:用Numpy的full函数。

```
import numpy as np
data = np.array([int(i) for i in input().split(',')])
Z = np.array([data,np.zeros(len(data))+8,np.zeros(len(data))+8])
Z = Z.reshape(len(data)*3,order = 'f').astype(str)
print(Z)
a=np.full((5,3),7)
print(a)
```

11. 对于输入的n个整型数据,在任意两个相邻整数之间插入2个8。必须使用Numpy。输入数据为一行,n个整型数据,逗号分隔。输出时,在任意两个相邻的两个整数之间插入2个8,每个整数之间用一个空格进行分隔,最后一个元素后面没有空格。

【样例输入】

1,2,3,4,5

【样例输出】

1 8 8 2 8 8 3 8 8 4 8 8 5

第8章　数据可视化

本章重点难点：Matplotlib可以与Numpy和Scipy结合使用；Matplotlib面向对象编程。

与其他的可视化工具相比，Matplotlib作为Python的一个库，延续了Python中一切皆对象的基本概念，一个标记、一个文字都是独立的对象，都可以进行独立的修改，使Matplotlib在进行画图的时候具有较大的灵活性。这是本章要重点掌握的内容。

8.1　Matplotlib基础知识

Matplotlib
基础知识

Matplotlib是一个基于Python的绘图模块，由于近年来Python的火热，Matplotlib的热度也随之而增长。它极其具有吸引力的原因在于Matplotlib可以与Numpy和Scipy结合使用，因此它也被广泛地认为是MATLAB的完美替代者。除此之外，Matplotlib免费和开源的特性，也让它在与MATLAB的比较中占据了上风。Matplotlib支持面向对象编程方式，其中的一切图形元素都是以对象形式存在的，可以独立操作，功能强大，能够满足用户自定义的需求。它还可以与wxPython，Qt，GTK+等通用GUI工具结合使用。在Matplotlib中，还有一个子模块“pylab”，它的语法形式与MATLAB十分相似，因此MATLAB的用户可以非常方便地转移到Matplotlib。此外，Matplotlib可以绘制一系列硬拷贝格式和跨平台交互环境的高质量图表。

Matplotlib的另外一个特点就是易学易用性，即用户在刚开始接触Matplotlib之后不久就可以上手绘图。在其官方网站里有这样的介绍：“Matplotlib试图让简单的事情变得更简单，让困难的事情变得可能。只需要几行代码，你就可以轻松地生成图表、直方图、功率谱、条形图、误差图、散点图等。”

关于Matplotlib的更多细节可以浏览其官方网站https://matplotlib.org，该网站给出了许多样例、教程以及关于Matplotlib的开发文档，也可以利用该网站来查询Matplotlib中的函数及其参数。

8.1.1　折线图和散点图

折线图和
散点图

Matplotlib中的图表是通过点、线或一些其他图元来表示关系的二维或三维图形。一般来说一个图表包含两个轴：水平的X轴用于表示自变量，垂直的Y轴用于表示对应的因变量。

下面将使用 matplotlib 中的子模块 pyplot。pyplot 提供了一个面向对象编程的 Matplotlib绘图库的过程接口，其绘图命令在命名和参数上与 Matlab 十分相似。通常会将 matplotlib.pyplot 重命名为 plt。随后会在第一个例子中使用到 pyplot 中的 plot 函数，通过向 plot 函数传递一个列表格式的数据，plot 函数会将这些数据作为 Y 轴的数值，而列表的索引将会被自动地作为 X 轴的数值。需要注意的是%matplotlib inline 命令只在 Ipython Notebook 中有效，它保证了图表只会生成在文档中而不是生成在一个单独的窗口。生成折线图和散点图如图 8.1、图 8.2 所示。

```
%matplotlib inline
#导入最基本的绘图库
import matplotlib.pyplot as plt
days = list(range(0, 22, 3))# 生成 x 轴的数值
# print(days)
# 生成 y 轴的数值
celsius_values = [25.6, 24.1, 26.7, 28.3, 27.5, 30.5, 32.8, 33.1]
plt.plot(days, celsius_values)
plt.show()
plt.plot(days, celsius_values, ' bo ' )
plt.show()
```

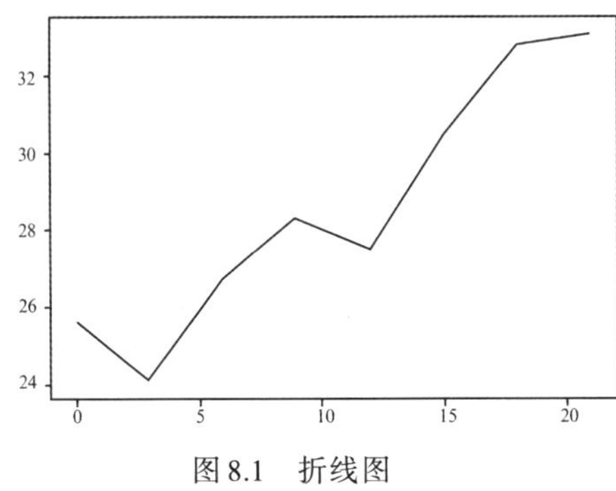

图 8.1　折线图

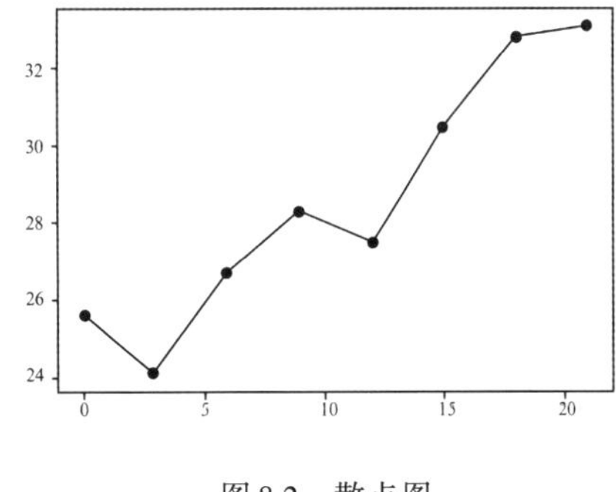

图 8.2　散点图

8.1.2　pyplot.plot 中的格式参数

pyplot 中的格式参数

前面的示例中使用了“bo”作为格式参数，它由两个字母组成，第一个字母则定义了图表的颜色，第二个字母定义了线的样式或者离散点的样式，两个字母的顺序可以颠倒（例如：使用“ob”也具有同样的效果）。在第

一个例子中,如果格式参数没有给出,“b-”(代表蓝色实线)会被作为默认值使用。

可以使用以下格式字符串字符来控制线条样式或标记,如表8.1所示。

表8.1　字符与代表标记

<table>
<tr><th>字符</th><th>标志</th><th>字符</th><th>标志</th></tr>
<tr><td>"p"</td><td></td><td>"."</td><td></td></tr>
<tr><td>"P"</td><td></td><td>","</td><td></td></tr>
<tr><td>"*"</td><td></td><td>"o"</td><td></td></tr>
<tr><td>"h"</td><td></td><td>"v"</td><td></td></tr>
<tr><td>"H"</td><td></td><td>"^"</td><td></td></tr>
<tr><td>"+"</td><td></td><td>"<"</td><td></td></tr>
<tr><td>"x"</td><td></td><td>">"</td><td></td></tr>
<tr><td>"X"</td><td></td><td>"1"</td><td></td></tr>
<tr><td>"D"</td><td></td><td>"2"</td><td></td></tr>
<tr><td>"d"</td><td></td><td>"3"</td><td></td></tr>
<tr><td>"|"</td><td></td><td>"4"</td><td></td></tr>
<tr><td>"_"</td><td></td><td>"8"</td><td></td></tr>
<tr><td>"None"," "or""</td><td></td><td>"s"</td><td></td></tr>
</table>

同时还支持以下的颜色缩写,如表8.2所示。

表8.2 字符与代表颜色

字符	颜色	字符	颜色
' b '	blue	' c '	cyan
' g '	green	' m '	magenta
' r '	red	' y '	yellow
' w '	white	' k '	black

8.1.3　层次结构

层次结构

Matplotlib是按层次化组织的。因为之前的例子中没有使用过这种结构,所以可能很难看出这一点。前面的示例绘制一些简单的图表,隐式地构建了必要的结构。

在Matplotlib对象的树状结构中顶端是Figure对象。一个Figure可以容纳一个或多个图,这些图在Matplotlib的术语中称作Axes。图8.3展示了一个具有四个Axes的Figure:

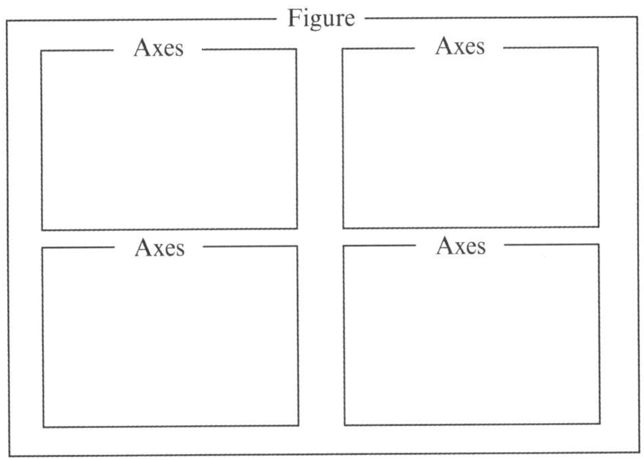

图 8.3 具有四个 axes 的 figure

像 Axes 和 Figure 这样的专用术语以及相互关系可能会对刚刚入手 Matplotlib 的新手造成一定的困扰。同样地，刚开始接触和理解像 Spine、Tick 和 Axis 等专用术语也同样困难，但可以通过图 8.4 轻松地理解这些专业术语的作用和含义：

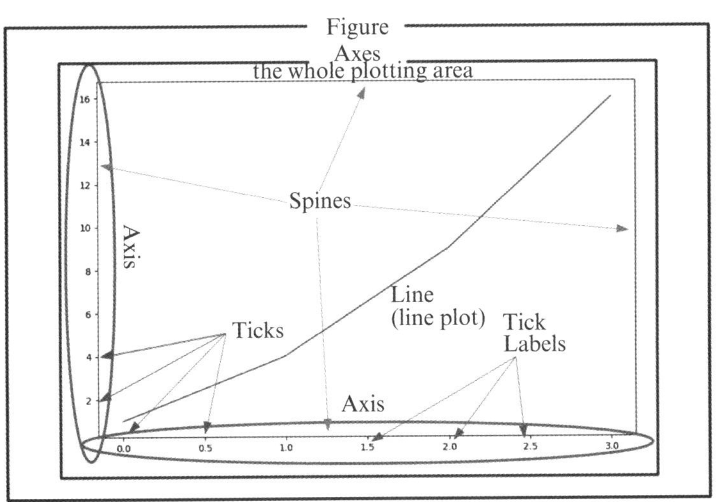

图 8.4 Figure 中的专业术语

在图 8.4 中，可以进一步体会 Matplotlib 一切皆对象的含义。无论是框架 Figure 和 Axes，还是坐标轴 Axis，或者标签 Ticks、图像 Line，都是独立的对象。都可以进行独立地控制，产生任何用户自定义的效果。

8.2 绘图函数

plot 函数用于绘制一幅图表或者对多幅图表进行美化。当以 pylab 模式在 jupyter 中运行 plot 时，它会显示所有的图表并返回到 jupyter 的窗口中。

8.2.1 绘制多个数据

绘制多个数据

可以在绘图函数中指定任意数量的x,y,fmt。接下来使用一个展示温度的例子来说明这一点。提供两列温度数据,一列为最低温度,另一列为最高温度,如图8.5所示。

```
import matplotlib.pyplot as plt

days = list(range(1, 9))
celsius_min = [19.6, 24.1, 26.7, 28.3, 27.5, 30.5, 32.8, 33.1]
celsius_max = [24.8, 28.9, 31.3, 33.0, 34.9, 35.6, 38.4, 39.2]

fig, ax = plt.subplots()

ax.set(xlabel='Day',ylabel='Temperature in Celsius',title='Temperature Graph')

ax.plot(days, celsius_min)
ax.plot(days, celsius_min, "oy")
ax.plot(days, celsius_max)
ax.plot(days, celsius_max, "or")

plt.show()
fig.savefig("temperature.png")    #保存图表到一个文件
```

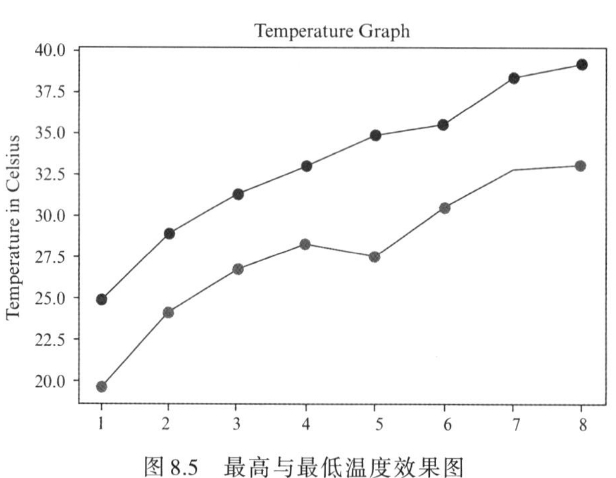

图8.5　最高与最低温度效果图

8.2.2 修改线的样式

修改线的样式

线的样式可以由 linestyle 或者 plot 函数的参数改变，如表8.3所示。它可以被设定为：'-', '--', '-.', ':', 'None', '', '';可以使用linewidth来设置线的粗细，如图8.6所示。

表8.3 字符与含义描述

字符	含义描述	字符	含义描述
'-'	solid line style	'-.'	dash-dot line style
'--'	dashed line style	':'	dotted line style

```
import matplotlib.pyplot as plt
import numpy as np
X = np.linspace(0, 2 * np.pi, 50, endpoint=True)
F1, F2, F3, F4 = 3 * np.sin(X), np.sin(2*X), 0.3 * np.sin(X), np.cos(X)

fig, ax = plt.subplots()
ax.plot(X, F1, color="blue", linewidth=2.5, linestyle="-")
ax.plot(X, F2, color="red", linewidth=1.5, linestyle="--")
ax.plot(X, F3, color="green", linewidth=2, linestyle=":")
ax.plot(X, F4, color="grey", linewidth=2, linestyle="-.")
plt.show()
```

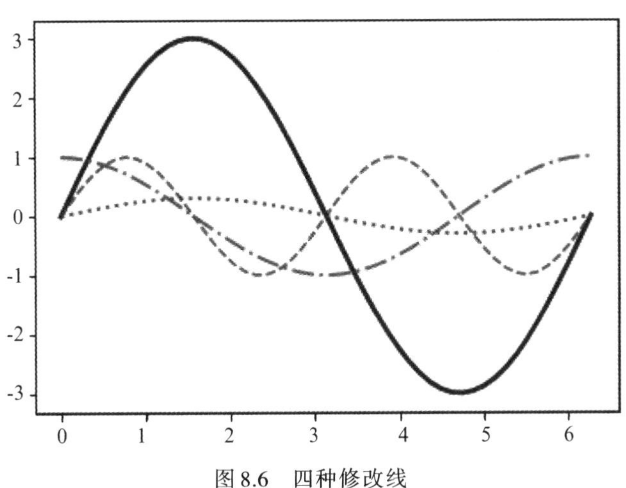

图8.6 四种修改线

8.2.3 图案填充

图案填充

可以在两根曲线之间进行阴影填充或者颜色填充，在下面这个例子中就对X轴和sin(2*X)的曲线之间的区域进行了填充。fill_between的常用语法如下：

*fill_between(x, y1, y2=0, where=None, interpolate=False, **kwargs)*

该函数在y1和y2之间进行填充，kwargs是特色关键字列表，例如alpha表示不透明度，如图8.7所示。

```
import numpy as np
import matplotlib.pyplot as plt
n = 256
X = np.linspace(-np.pi,np.pi,n,endpoint=True)
Y = np.sin(2*X)

fig, ax = plt.subplots()
ax.plot (X, Y, color= ' blue ' , alpha=1.00)
ax.fill_between(X, 0, Y, color= ' blue ' , alpha=.3)
plt.show()
```

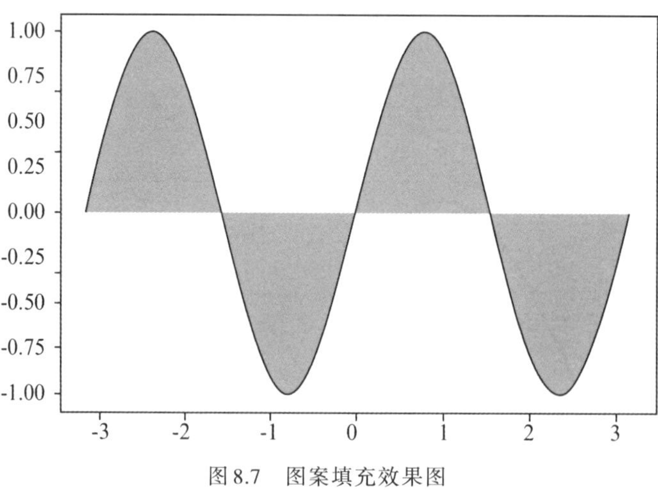

图8.7 图案填充效果图

综上，Matplotlib绘图的基本步骤如下：

Matplotlib绘图的基本步骤

1)数据准备；

2)plt.subplots()准备图形环境；

3)ax.plot()绘图,增加参数修改显示效果;

4)配置环境,title,label等;

5)plt.show()显示图形。

8.3　绘制多子图

绘制多子图

subplots函数创建了一个figure以及一系列子图,并设置子图的通用布局。

subplots(nrows=1, ncols=1, sharex=False, sharey=False, squeeze=True, subplot_kw=None,gridspec_kw=None,**fig_kw)

该函数返回一个figure以及一个axes对象或一组axes对象。如果无参调用该函数,将会返回一个figure对象和一个axes对象。设置参数sharey为True,可以防止y轴的标签重复地出现在右侧的子图中。同样地,设置参数sharex为True,可以防止x轴的标签重复地出现在多个子图中。如图8.7所示。sharex,sharey可以通过布尔值或者{'none','all','row','col'}进行参数设置,如图8.8~8.10所示。

```
import matplotlib.pyplot as plt
plt.figure(figsize=(6, 4))
rows, cols = 2, 3  #两行三列图表
fig, ax = plt.subplots(rows, cols, sharex='col',sharey='row')
for row in range(2):
    for col in range(3):
        #参数 'ha' 表示 horizontal alignment,即水平对齐
        ax[row,col].text(0.5,0.5,str((row,col)),color="green",fontsize=18,ha='center')
plt.show()
```

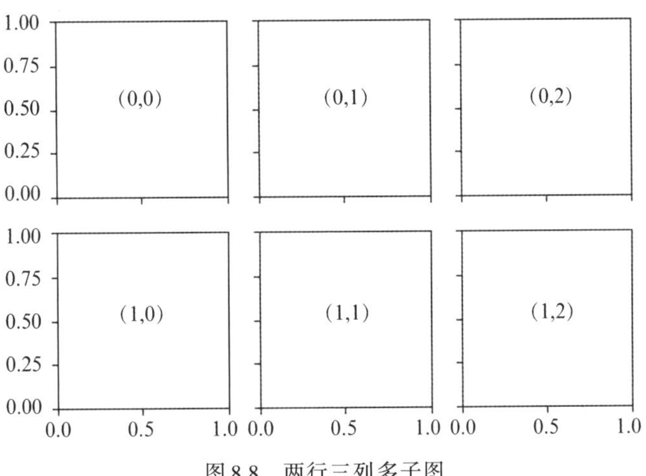

图8.8　两行三列多子图

```
import numpy as np
import matplotlib.pyplot as plt
x = np.linspace(0, 2*np.pi, 400)
y = np.sin(x**2) + np.cos(x)
derivative = 2 * x * np.cos(x**2) - np.sin(x)

f, (ax1, ax2) = plt.subplots(1, 2, sharey=True)
ax1.plot(x, y)
ax1.set_title('Sharing Y axis')
ax2.plot(x, derivative)
```

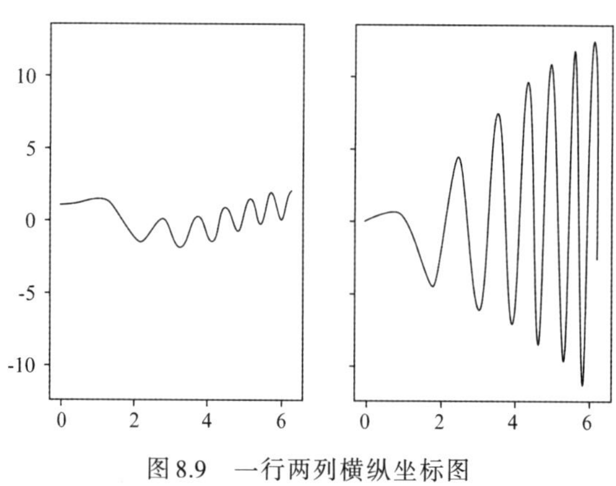

图 8.9　一行两列横纵坐标图

```
#subplot_kw=dict(polar=True) 设置极坐标
fig, axes = plt.subplots(2, 2, subplot_kw=dict(polar=True))
axes[0, 0].plot(x, y)
axes[0, 1].plot(x, np.sin(x**2) + np.cos(x**3))
axes[1, 0].plot(x, np.cos(x) * np.sin(x**2))
axes[1, 1].plot(x, derivative, "g--")
```

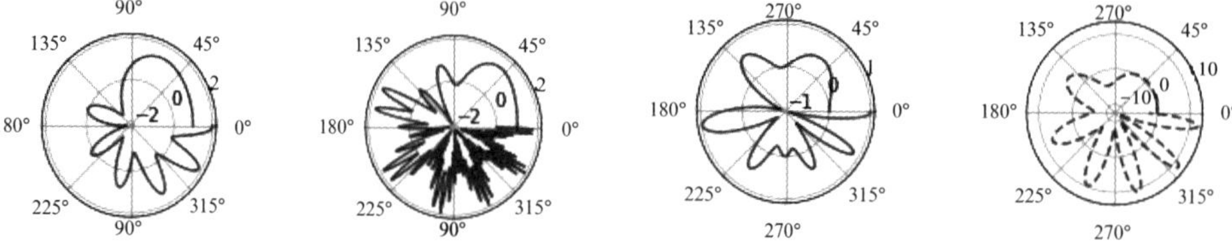

图 8.10　两行两列极坐标图

8.4 常见图形

柱状图(Histograms)

8.4.1 柱状图(Histograms)

```
import matplotlib.pyplot as plt
import numpy as np
gaussian_numbers = np.random.normal(size=10000)
n, bins, patches = plt.hist(gaussian_numbers)
#patches[3].set_color('r')
plt.title("Gaussian Histogram")
plt.xlabel("Value")
plt.ylabel("Frequency")
plt.show()
```

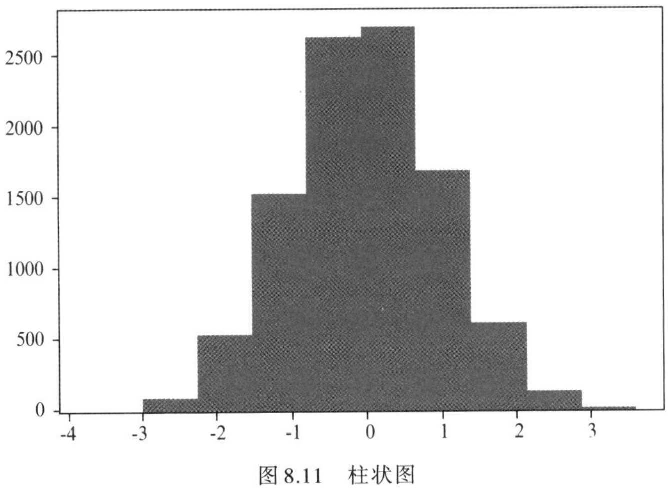

图 8.11 柱状图

n [i]包含区间 bin [i]和 bin [i + 1]内高斯数值的数量：

```
# => n: [ 11. 102. 547. 1528. 2639. 2705. 1694. 618. 136. 20.] 10000.0
print("n: ", n, sum(n))
print("bins: ", bins)
```

n是一个频率数组,hist()的最后一个返回值是一个区块列表,与矩形对象相对应,用于获得形状和位置信息等:

```
print("patches: ", patches)
print(patches[0])
```

hist()函数有许多参数,可以将柱状图设置的非常漂亮。

```
plt.hist(gaussian_numbers, bins=100, density=True, stacked=True,
            edgecolor="#6A9662", color="#DDFFDD")
plt.show()
```

8.4.2 条形图(bar chart)

条形图(bar chart)

条形图由一组与x轴垂直的矩形纵队组成,长方形的宽度没有任何数学含义,如图8.12所示。

```
bars = plt.bar([1, 2, 3, 4], [1, 4, 9, 16])
bars[3].set_color('green')
plt.show()
```

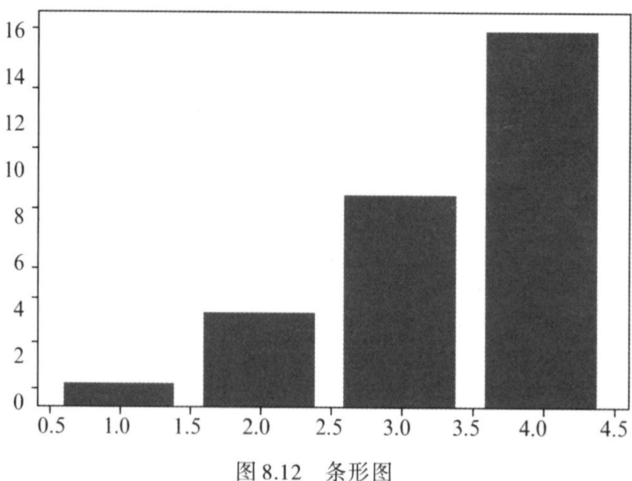

图8.12 条形图

使用bar()函数来绘制条形图,或者使用barh()函数来绘制水平条形图。下面这个例子展示了如何将两组数据放在一起,如图8.13所示。

```python
import matplotlib.pyplot as plt
import numpy as np

last_week_cups = (20, 35, 30, 35, 27)
this_week_cups = (25, 32, 34, 20, 25)
names =['Mary', 'Paul', 'Billy', 'Franka', 'Stephan']

fig = plt.figure(figsize=(6,5), dpi=200)
ax = fig.add_axes([0.1, 0.3, 0.8, 0.6]) #左,下,宽度,高度

width = 0.35
ticks = np.arange(len(names))
ax.bar(ticks, last_week_cups, width, label='Last week')
ax.bar(ticks + width, this_week_cups, width, align="center",label='This week')

ax.set_ylabel('Cups of Coffee')
ax.set_title('Coffee Consummation')
ax.set_xticks(ticks + width/2)
ax.set_xticklabels(names)

ax.legend(loc='best')
plt.show()
```

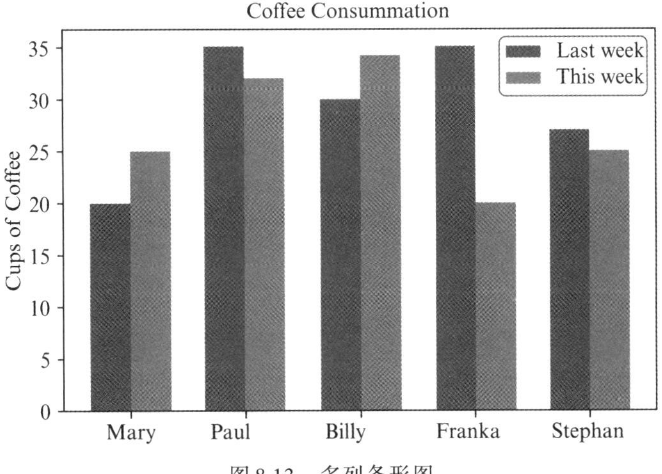

图 8.13 多列条形图

此外,还可以使用堆叠条形图替换分组条形图。堆叠条形图由不同组的条形堆叠在一起,最后得到的条形高度代表着每个组的组合结果和总和。堆叠条形图可以很好地描述总量,同时展示了每个部分与总和之间的关系,如图8.14所示。

堆叠条形图不适用于存在负值的数据集,通常存在负值的数据集选择分组条形图展示。

```
import matplotlib.pyplot as plt
import numpy as np

coffee = np.array([5, 5, 7, 6, 7])
tea = np.array([1, 2, 0, 2, 0])
water = np.array([10, 12, 14, 12, 15])
names = ['Mary', 'Paul', 'Billy', 'Franka', 'Stephan']

fig = plt.figure(figsize=(6,5), dpi=200)
left, bottom, width, height = 0.2, 0.1, 0.7, 0.8
ax = fig.add_axes([left, bottom, width, height])

width = 0.35
ticks = np.arange(len(names))
ax.bar(ticks, tea, width, label='Tea', bottom=water+coffee)
ax.bar(ticks, coffee, width, align="center", label='Coffee',bottom=water)
ax.bar(ticks, water, width, align="center", label='Water')
```

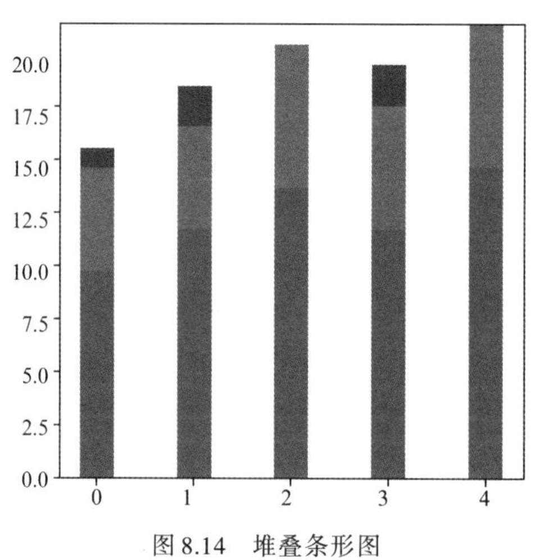

图8.14　堆叠条形图

条形图是一种与直方图非常相似的图形，但它们之间仍存在着一些区别。直方图是一种表示频率分布的图表，而条形图则通常用于展示定性或分类数据。

8.4.3　饼图（Pie Chart）

饼图（Pie Chart）

```
import numpy as np
import matplotlib
import matplotlib.pyplot as plt

matplotlib.rcParams['font.sans-serif']='SimHei' #数字体为黑体，以便显示中文
languages={"Java":0.16881,"C":0.14966,"C++":0.07471,"Python":0.06992,
            "Visual Basic":0.04762,"C#":0.03541,"PHP":0.02925,
            "JavaScript":0.02411,"SQL":0.02316, '其他':0.36326}

fig,ax=plt.subplots()
data=np.array(list(languages.values())).astype(float)#饼图显示数据，将其转换为float格式
explode=[0.1,0,0,0,0,0,0,0,0,0] #设置突出显示的内容，这里为突出显示第一项
#autopct为显示百分比
ax.pie(data,labels=languages.keys(),autopct='%.1f%%',explode=explode)
ax.set_title("TIOBE 2018 年 8 月的编程语言指数排行榜") #设置标题
ax.axis("equal") #设置 x 轴和 y 轴等长，否则饼图将不是一个正圆

plt.show()
```

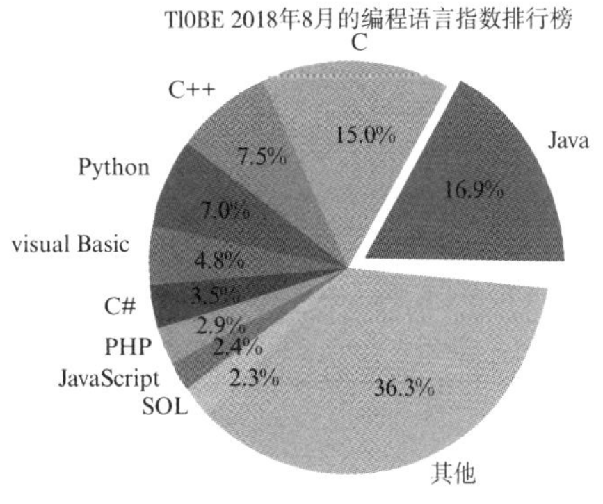

图 8.15　饼图

8.4.4 等值线图(Contour Plot)

等值线图的绘制

等值线是一条连接具有相同数值点的线,表示在地图或图表上,使某一特定数值或物理量在不同位置上的数值相同。等值线图将这些等值线绘制在平面上,帮助观察者更好地理解数据分布规律。在等值线图中,每条等值线代表一个数据值,相邻的两条等值线之间的数值间隔通常是相等的。因此,等值线密集区域代表数值变化剧烈,而等值线稀疏区域代表数值变化缓慢。等值线图在地理或气象中有着广泛的应用。例如地理学中的等高线将高于既定水平面(例如:平均海平面)的等高点连接起来,表达地势变化情况。有关等值线图的案例如图8.16～17所示。

```
import numpy as np

xlist = np.linspace(-3.0, 3.0, 3)
ylist = np.linspace(-3.0, 3.0, 4)
X, Y = np.meshgrid(xlist, ylist)  #make a 4X3 matrix

fig, ax = plt.subplots()
ax.scatter(X, Y, color="green")
ax.set_title('Regular Grid, created by Meshgrid')
ax.set_xlabel('x'),ax.set_ylabel('y')
plt.show()
```

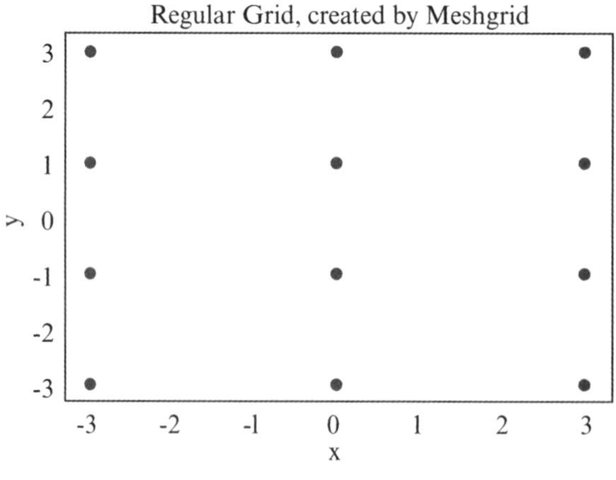

图8.16 meshgrid的划分结果

```
Z = np.sqrt(X**2 + Y**2)
# print(Z)
fig = plt.figure(figsize=(6,5))
left, bottom, width, height = 0.1, 0.1, 0.8, 0.8
ax = fig.add_axes([left, bottom, width, height])

cp = ax.contour(X, Y, Z)
ax.clabel(cp, inline=True, fontsize=10)
ax.set_title('Contour Plot')
ax.set_xlabel('x (cm)'),ax.set_ylabel('y (cm)')
plt.show()
```

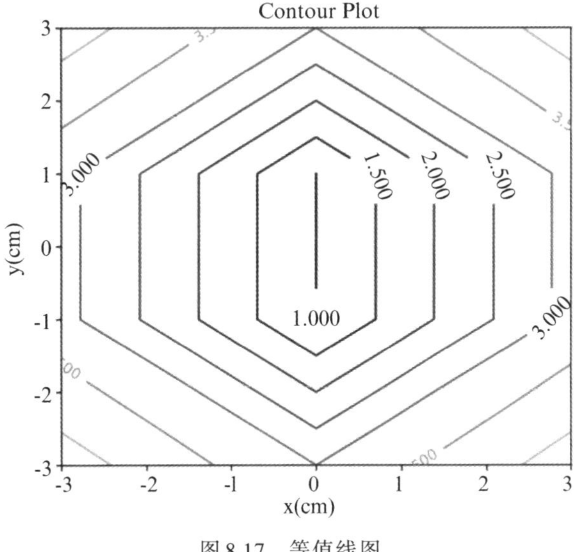

图8.17 等值线图

8.4.5 新冠肺炎新增确诊病例折线图

matplotlib画疫情趋势图

数据来源:https://github.com/BlankerL/DXY-COVID-19-Data

```
import matplotlib
matplotlib.rcParams['font.sans-serif']='SimHei' #改字体为黑体,以便显示中文
date = ['1月24日', '1月25日', '1月26日', '1月27日', '1月28日', '1月29日 ',
```

```
'1月30日', '1	月31日', '2月1日', '2月2日', '2月3日', '2月4日', '2月5
日 ', '2月6日', '2月7日', '2月8日', '2月9日', '2月10日', '2月11日', '2月12
日', '2月13日', '2月14日', '2月15日', '2月16日', '2月17日', '2月18日', '2
月19日']
04 nation = [458, 695, 819, 1763, 1463, 2058, 1660, 2059, 2617, 2849, 3185, 3865,
3730, 3107, 3407, 2612, 2964, 2434, 2076, 15139, 3931, 2739, 1923, 2116, 1903,
1749, 399]
05 others = [277, 367, 454, 472, 623, 709, 757, 712, 696, 746, 840, 709, 743, 660,
566, 465, 433, 337, 438, 299, 151, 319, 80, 183, 96, 56, 50]
06 import matplotlib.pyplot as plt
07 fig,ax = plt.subplots(2,1,sharex=True)
08 ax[0].plot(date,nation)
09 ax[1].plot(date,others)
10 for i,label in enumerate(ax[1].get_xticklabels()):
11     label.set_visible(i%5==0)
```

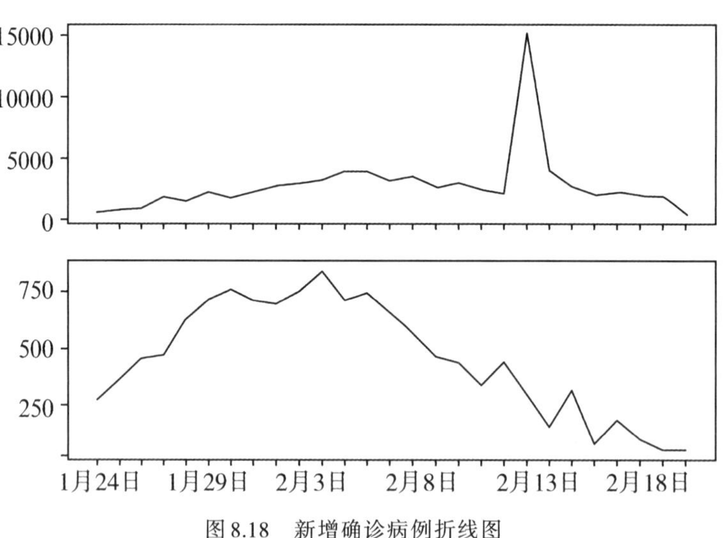

图8.18　新增确诊病例折线图

这是一个真实数据的处理案例。如图8.18所示。通过可视化可以很明显地得出两个结论:2月12日有一个突发异常;新增感染人数整体上在下降。在语法角度,第11行的代码是一个小技巧,因为X轴的标签比较长,全部显示会比较混乱,因此只显示5的倍数的标签。这证明了Matplotlib是由若干对象组成的,类似标签这样的子对象都可以单独控制,从而满足定制化需求。

8.5 高级图形

8.5.1 词云的绘制——QQ聊天记录解析

Python微信朋友圈绘制词云

在下面的例子中，首先获取QQ消息记录的TXT格式文本文件，然后对消息记录进行分析，分析包含三个部分：发言时间分析，发言次数统计和关键内容的词云。

首先导入一系列相关库。

```
import re                                   # 正则表达式
import matplotlib.pyplot as plt             # 绘图库
from wordcloud import WordCloud             # 词云库
import jieba.analyse                        # 结巴分词
from collections import Counter             # 计数统计
from pathlib import Path                    # 文件处理库
```

通过正则表达式匹配，获取相关的发言信息及数据记录。

```
01 path = Path.cwd() / "qq.txt"
02 t = path.read_text(encoding='utf-8')              #读取全文
03 t = t.replace("[表情]","").replace("@全体成员","").replace("[图片]",' ')\
04        .replace("[QQ红包]我发了一个“专享红包”，请使用新版手机QQ查收红。","")
05 pattern=re.compile(r'(\d*)-(\d*)-(\d*) (\d+):(\d+):(\d+) (.*)\n(.*)')#正则表达式匹配
06 _,_,_,hour,_,_,speaker,text = zip(*pattern.findall(t))
```

通过pathlib库，读取QQ聊天记录文件的全部内容（第2行），第3-4行将一些无效信息剔除。第5行使用了一个正则表达式，把一次发言信息进行提取。每次发言都是以时间和发言人开始，然后是发言内容。因此正则表达式的前三项是年月日，接下来是小时分秒，然后把回车前的内容定义为发言人，回车后到下一次发言前的所有内容定义为本次发言内容。然后用正则表达式的findall函数，找到所有匹配的模式，即所有的发音记录，每次发言作为一条记录。匹配结果用zip(*)函数行列转置，因为后继的分析主要是针对某列数据进行，zip(*)详细用法可以参考第3.2.2节。第6行将每列数据赋值给一个变量，使用了大量的下划线，这些下划线表示临时无名变量，因为后继的分析只用到了小时、发言人和发言内容，其他内容被忽略。

首先统计各个时间段成员的发言数量，如图8.19所示。

```
01 count = Counter(hour)
02 hours = [count[str(i)] for i in range(24)]
03 plt.rcParams['font.sans-serif'] =['SimHei']                    # 用来正常显示中文标签
04 plt.scatter(range(24), hours, color="red", label="times")  # 画散点图
05 plt.plot(range(24), hours, color="red")                        # 画折线图
06 plt.xlabel("00:00-24:00")
07 plt.ylabel("发言次数")
08 plt.legend(loc='lower right')                                  # 绘制图例
09 plt.show()
```

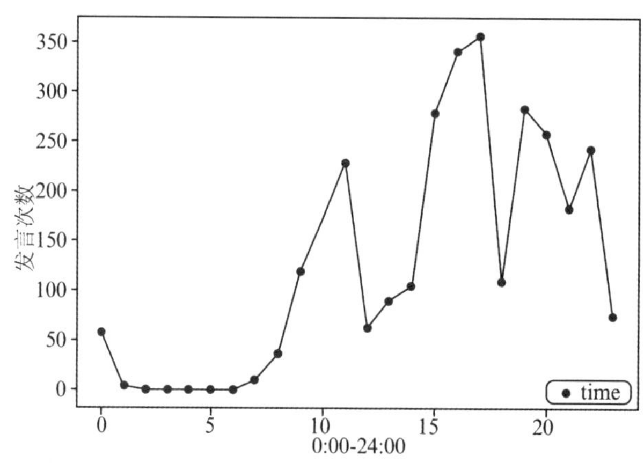

图8.19　各时间段发言数量折线图

第1行按照小时进行计数。第2行本质上是按照时间排序，但是因为可能存在缺失值，所以使用了列表推导式的形式，count将默认值设置为0。保证了24小时数据的存在，在绘图的时候不会造成误解。从折线图中明显可以看到，上午、下午和晚上是三个高峰，午休和晚餐的活跃人数明显减少。总体而言，这个群的活跃度还是非常好的。

然后根据获取的发言人信息，统计发言次数，排序后绘制横向直方图。因为发言人比较多，采用了Counter的most_common方法获取了最活跃的20个人，如图8.20所示。

```
count = reversed(Counter(speaker).most_common(20))
names,times = zip(*count)
```

```
03 plt.rcParams[ ' font.sans-serif'] = ['SimHei']                        # 用来显示中文标签
04 plt.xlabel("times")                                                   # 横坐标轴的标签文本
05 plt.ylabel("name")
06 rects = plt.barh(range(20), times, 0.6,color='SkyBlue')   # 直方图设置
07 for rect in rects:
08     plt.text(rect.get_width()+10,rect.get_y()-0.1,str(wd),ha='center',va='bottom')
09 plt.xticks(range(25,200,25))
10 plt.yticks(range(20), names)
11 plt.show()
```

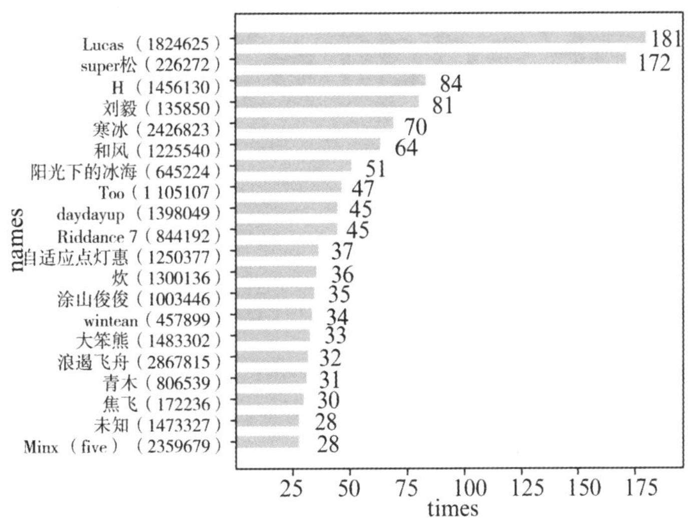

图8.20　成员发言排名直方图

第2行采用zip(*)将人名和发言次数分离。第6行获取直方图里的所有bar的对象变量，然后在第8-9行遍历每一个bar，在bar的右侧添加对应的数量标签。

最后用jieba分词，将发言信息以词为单位进行分隔，用wordcloud库绘制词云。词云将一个文档按照单词的使用频率进行统计，用文字的大小代表出现频率，这是在文本处理中非常常见的一种图表。

```
text=''.join(text)
args=jieba.analyse.extract_tags(text,topK=80)
text=''.join(args)
wc = WordCloud(background_color="white", font_path="simhei.ttf") # 黑体
```

```
06 my_wordcloud = wc.generate(text)
07 plt.imshow(my_wordcloud)
08 plt.axis("off")
09 plt.show()
```

第1行将所有人的发言集中到一起。第二行采用jieba库进行分词，并设定参数topK，只提取频率最高的80个词。第3行用空格作为分隔符将分词的结果拼接到一起。第4行设置词云，除了给定的背景颜色和字体，WordCloud还可以设定很多参数，详细信息可以调用help函数查看。本案例分析的QQ群是百度paddle图像分隔培训群，从图8.21的词云图中的高频词中，能充分体现出该群讨论的主题。

图8.21　词云图

Python绘制疫情地图

8.5.2　绘制激活函数

使用ndarray数组可以很方便地构建数学函数，并利用其底层的矢量计算能力快速实现计算。下面以神经网络中比较常用激活函数Sigmoid和ReLU为例，如表8.4所示，介绍代码实现过程。

表8.4　激活函数公式

	Sigmoid	Relu
激活函数公式	$y=\frac{1}{1+e^{-x}}$	$y=\begin{cases}0,(x<0)\\x,(x\geqslant 0)\end{cases}$

```
# ReLU和Sigmoid激活函数示意图
import numpy as np
```

```
%matplotlib inline
import matplotlib.pyplot as plt
import matplotlib.patches as patches
#设置图片大小
plt.figure(figsize=(8, 3))
# x是1维数组,数组大小是从-10.到10.的实数,每隔0.1取一个点
x = np.arange(-10, 10, 0.1)
# 计算 Sigmoid 函数
s = 1.0 / (1 + np.exp(- x))
# 计算 ReLU 函数
y = np.clip(x, a_min = 0., a_max = None)
#############################################################
# 以下部分为画图程序
# 设置两个子图窗口,将Sigmoid的函数图像画在左边
f = plt.subplot(121)
# 画出函数曲线
plt.plot(x, s, color='r')
# 添加文字说明
plt.text(-5., 0.9, r'$y=\sigma(x)$', fontsize=13)
# 设置坐标轴格式
currentAxis=plt.gca()
currentAxis.xaxis.set_label_text('x', fontsize=15)
currentAxis.yaxis.set_label_text('y', fontsize=15)
# 将ReLU的函数图像画在左边
f = plt.subplot(122)
# 画出函数曲线
plt.plot(x, y, color='g')
```

```
# 添加文字说明
plt.text(-3.0, 9, r'$y=ReLU(x)$', fontsize=13)
# 设置坐标轴格式
currentAxis=plt.gca()
currentAxis.xaxis.set_label_text('x', fontsize=15)
currentAxis.yaxis.set_label_text('y', fontsize=15)

plt.show()
```

以上代码实际上是生成了两个散点图,如8.22所示。但是因为点的x坐标是连续的,而且间隔非常小,视觉上形成了连续曲线的效果。这种方式在很多效果图上都被使用。

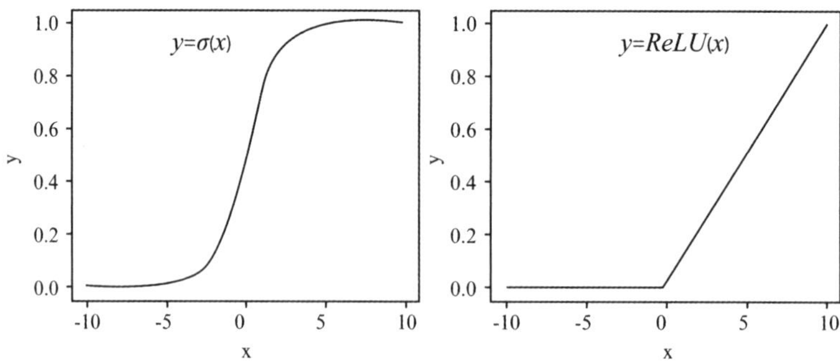

图8.22　Sigmoid和Relu函数的生成结果

本章习题

1. 参照8.6节,绘制以下四个函数及对应导数的函数图形,如图8.23所示,忽略阴影部分。

名称	函数 $y=f(x)$	导数 $\partial y/\partial x$
Logistic	$\frac{1}{1+e^{-x}}$	$y(1-y)$
双曲正切	$\mathrm{Tanh}(x)$	$1-y^2$
高斯	$e^{-x^2/2}$	$-xe^{-x^2/2}$
线性	x	1

图8.23　第1题生成结果

2. 将图形8.22设置为共享y轴。
3. 下载全球1960年至2019年各个国家的GDP数据，取每年前10名的国家，绘制横向柱状图，并展示前10名的数据随年份变化而动态变化的情况。
4. 参考8.5.2节的内容，从github上下载一段时间的疫情数据，绘制一个动态的疫情地图，各省的颜色随时间的变化而变化。

Github下载地址：https://github.com/CSSEGISandData/COVID-19/tree/master/ csse_covid_19_data / csse_covid_19_daily_reports

5. 查找资料，使用matplotlib.gridspec.GridSpec构造如下网状结构的多子图。提示，构建3*3的子图布局，对每个子图调整占用范围，如图8.24所示。

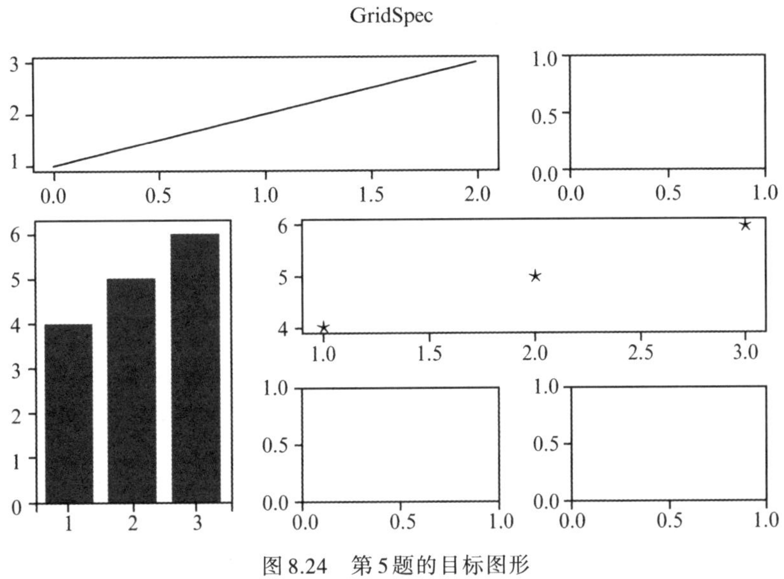

图8.24　第5题的目标图形

6. 登录网站，https://www.kaggle.com/learn/data-visualization，完成所有课程和练习，并获得证书。Kaggle网站的profile中的Display Name请设定为“学号+姓名”。

第9章　Pandas入门

本章重点难点：Pandas基本功能，汇总与统计，应用案例。

Pandas这个名词每个字母代码的含义为：P(Python)a(analysis分析)n(numerical数值)d(data数据)a(and和)s(series系列)。Pandas是一个基于Python语言的数据处理和分析库，其设计初衷是为了方便地处理和分析各种类型的数据，并提供一种高效、灵活和易于使用的科学计算工具。

9.1　Pandas的数据结构介绍

Pandas的数据结构介绍

Pandas是Python进行数据分析的最重要的模块[官方文档：https://pandas.pydata.org/pandas-docs/stable/]，基本数据结构有Series和DataFrame。但index是这两种数据类型区分于其他数据类型的重点。在加持了index之后，Series相当于Dict和Numpy的一个综合体，而DataFrame是Series由构成的。

Pandas可以理解为一个内存数据库，所有数据全部存放在内存中，每一个DataFrame可以看作一个数据库中的表，一个Series可以理解为表的一列，DataFrame中的每一行相当于表的一条记录。数据库的绝大部分操作都在Pandas中有对应的函数操作，且应用方法更加简洁高效。

9.1.1　Series

Series

Series是类似一维数组的对象，最重要的不同是每个元素都有一个索引。它可以包含任何数据类型，例如：整型、浮点型、字符串、Python对象等。下面的示例中，通过列表定义一个简单的Series对象：

```
import pandas as pd
S = pd.Series([19612368, 43746323, 95792719, 104320459])
print(S)
```

```
0        19612368
1        43746323
```

```
2        95792719
3       104320459
dtype: int64
```

在这个例子中，并没有定义index，但从输出结果中可以看到，数据有两列，右侧包含实际数据，左侧是对应的索引。最后一行的dtype表明值的数据类型是64位整型。在没有明确定义index的情况下，自动生成一个从0开始的整数序列作为索引。可以把Series看作由索引和值两个Numpy.ndarray构成的复合数据结构，通过以下方式直接访问：

```
print(S.index)     # => RangeIndex(start=0, stop=6, step=1)
print(S.values) # =>[19612368 43746323 95792719 104320459 21815815 6301350]
```

Numpy.ndarray的广播操作等优秀方法对于Series都是成立的。

```
01 print(S/2)
02 import numpy as np
03 print(np.sqrt(S))
```

```
0        9806184.0
1       21873161.5
2       47896359.5
3       52160229.5
dtype: float64
0        4428.585327
1        6614.100317
2        9787.375491
3       10213.738738
dtype: float64
```

对于官方提供的ufunc函数，例如sqrt，可以按照第三行的方式执行。对于自定义函数，可以采用apply()函数的形式。Series.apply()的参数是一个函数，表示Series中每个元素都分别作为该函数的参数，返回值构成一个新的Series。

```
print(S.apply(np.sqrt))
```

9.1.2 索引(index)对象

索引选取

索引在Pandas中是强制的,必须存在的。本节详细介绍索引的相关操作。

1. 索引选取

默认的索引是从0开始的整型值,可以设置index属性重新设定索引,修改为任意类型。

```
names = ['北京', '辽宁', '山东', '广东', '新疆', '宁夏']
S.index = names
```

```
北京     19612368
辽宁     43746323
山东     95792719
广东    104320459
新疆     21815815
宁夏      6301350
dtype: int64
```

也可以在构建Series的时候,直接指定索引。

```
S = pd.Series([19612368, 43746323, 95792719, 104320459, 21815815, 6301350],
index=names)
```

索引最重要的作用是对数据进行快速定位,即可以通过索引获取数据,如果传入的索引是一个列表,则可以同时获取多个数据。

```
print(S['山东'])
print('-'*50)
print(S[['北京', '辽宁', '新疆']])
```

```
95792719
--------------------------------------------------
北京     19612368
```

```
辽宁        43746323
新疆        21815815
dtype: int64
```

布尔类型选取

2. 布尔类型选取

Pandas也可以用布尔类型进行选取。

```
print(S[S<20000000])
```

```
北京    19612368
宁夏    6301350
dtype: int64
```

本质上:通过一系列与行数相等的布尔值,将布尔值为真的行选取出来。

```
less_than_20M = S < 20000000
print(less_than_20M)
print( ' - ' *50)
print(S[less_than_20M])
```

less_than_20M是一个新生成的Series,数据类型为bool,满足条件的为True,否则为False。S[less_than_20M]根据less_than_20M中的布尔值,只选择其中为True的数据。如果选择条件是一个复合条件,需要用到“与”和“或”的操作,不能使用关键字and和or,而应该使用&和|。

```
print(S[(S>20000000)&(S<50000000)])
print(S[S.between(20000000,50000000)])
print(S[(S<20000000)|(S>100000000)])
```

```
辽宁        43746323
新疆        21815815
dtype: int64
辽宁        43746323
新疆        21815815
dtype: int64
```

```
北京      19612368
广东     104320459
宁夏       6301350
dtype: int64
```

基于选取的修改

3. 基于选取的修改

Pandas中选取的结果是一个视图，而不是副本，可以直接操作原始数据。

```
S[less_than_20M]=20000000
print(S)
```

```
北京      20000000
辽宁      43746323
山东      95792719
广东     104320459
新疆      21815815
宁夏      20000000
dtype: int64
```

基于索引的运算

4. 基于索引的运算

两个Series的值可以通过索引进行运算，并且会自动对齐。如果一个索引没有同时出现在两个Series中，结果会被设置为NaN。

```
print(S[['北京','辽宁','山东']] + S[['辽宁','山东','广东','新疆']])
```

```
北京            NaN
山东    191585438.0
广东            NaN
新疆            NaN
辽宁     87492646.0
dtype: float64
```

5. 基于字典生成

基于字典生成

Series相当于有序的字典，Series.index相当于字典的键。Series是字典与Numpy两种数据结构进行了高效组合。因此也可以使用字典直接生成Series对象。

```
d = {'北京':19612368, '辽宁':43746323, '山东':95792719,
        '广东':104320459, '新疆':21815815, '宁夏':6301350}
provinces = pd.Series(d)
print(provinces)
```

9.1.3　DataFrame

DataFrame的想法来源于电子表格，同时包含列索引和行索引。一个DataFrame包含一系列有序的列，每个列的数据类型必须相同，但是不同的列可以使用不同的数据类型。

DataFrame创建

1. DataFrame创建

Pandas中的DataFrame和Series是相互关联的，一个DataFrame可以看作是多个Series的连接，这些Series共享索引。

```
import pandas as pd
provinces = ["山东", "北京","辽宁","广东"]

p1 = pd.Series([95792719, 19612368, 43746323, 104320459], index=provinces)
p2 = pd.Series([153422, 16370, 145260, 177084], index=provinces)
p3 = pd.Series([72634, 28014, 23409, 89705], index=provinces)
df = pd.concat([p1, p2, p3], axis=1)
print(df)
print(type(df))  # => <class  'pandas.core.frame.DataFrame'>
titles = ["人口", "面积", "2017GDP"]
df.columns = titles
print(df)
```

	0	1	2
山东	95792719	153422	72634
北京	19612368	16370	28014
辽宁	43746323	145260	23409
广东	104320459	177084	89705

```
<class 'pandas.core.frame.DataFrame'>
            人口      面积   2017GDP
山东    95792719   153422   72634
北京    19612368    16370   28014
辽宁    43746323   145260   23409
广东   104320459   177084   89705
```

因此,DataFrame的每一列都可以转换为一个Series。但在实际使用中,一般会使用二维数据直接创建DataFrame:

```
df=pd.DataFrame([[95792719, 153422 ,  72634],
        [19612368 , 16370 ,  28014],
        [43746323, 145260 ,  23409],
        [104320459 , 177084 ,  89705]],index=provinces,columns=titles)
```

也可以采用字典方式创建DataFrame:

```
df=pd.DataFrame({'人口':[95792719, 19612368, 43746323, 104320459],
        '面积':[153422, 16370 , 145260 , 177084],
        '2017GDP':[72634 ,28014, 23409, 89705]},index=provinces)
```

因为通常数据都比较大,不会用代码直接输入,而是把数据保存在csv文件中,从文件中读取数据:

```
01 df = pd.read_csv('_static/data/mainland.csv',index_col=0)
02 df.head()
```

其中参数index_col指定第0列为索引列,如果不指定索引,默认为从0开始的整数。第二行的head()函数表示只显示前n行的数据,默认n=5。

数据切片

2. 数据切片

Pandas的数据切片主要有三种形式,obj[val]是第一种形式:

```
print(df['面积'].head())
print(df[['面积','2017GDP']].head())
```

```
山东    153422
北京     16370
辽宁    145260
广东    177084
Name: 面积, dtype: int64
            面积    2017GDP
山东    153422      72634
北京     16370      28014
辽宁    145260      23409
广东    177084      89705
```

从输出结果中可以看出，当选择结果为单列时，得到的数据类型为Series。而结果为两列或多列的时候，得到的结果是DataFrame。

第二种数据切片形式是利用标签进行索引obj.loc[val1,val2]，其中val1指行标签，val2指列标签：

```
df.loc['山东':'辽宁',['人口','2017GDP']]
```

```
              人口    2017GDP
山东    95792719      72634
北京    19612368      28014
辽宁    43746323      23409
```

当使用标签限定范围时，是封闭区间，因此“辽宁”是被包含在内。以下代码展示另外两种选择组合。从中可以看到，无论是行标签还是列标签，可以单选或多选，多选可以是连续范围，也可以是不连续范围。

```
print(df.loc['山东':'辽宁','人口':'2017GDP'])
print('-'*50)
print(df.loc['山东':'辽宁','2017GDP'])
```

```
              人口        面积     2017GDP
山东    95792719    153422      72634
```

```
北京   19612368   16370    28014
辽宁   43746323   145260   23409
----------------------------------
山东     72634
北京     28014
辽宁     23409
Name: 2017GDP, dtype: int64
```

第三种形式是利用位置进行索引 obj.iloc[pos1,pos2],pos1 指行位置索引范围,pos2 指列位置索引范围。

```
01 print(df.iloc[1:3,[0,2]])
```

```
           人口        2017GDP
北京   19612368      28014
辽宁   43746323      23409
```

当使用位置索引时,区间与以前一样,左闭右开。虽然行区间为1:3,但广东并未包含在内。[0,2]表示第0列和第2列,因此人口和2017GDP被包含在内。

9.1.4 小结

小结

- Series 和 DataFrame 是 Pandas 中最基本的两种数据结构,Series 是一维的,DataFrame 是二维的,DataFrame 的每一列都是一个 Series,因此两者的很多操作都是相同的;
- Pandas 是对 Numpy 的封装,因此 Numpy 的很多操作都可以在 Pandas 上执行,将两者结合,能发挥更大的功能;
- Pandas 的 apply 函数可以实现多进程并行,极大地加快了大数据的处理速度;apply 的参数不仅可以是已有的内嵌函数,还可以是自定义的处理函数;
- Series 和 DataFrame 具有包括索引选取、布尔选取和切片选取等多种数据选取方法,选取的结果是一个视图,可以直接对原数据进行操作。Pandas 的部分选取为其添加了部分修改的功能,这个功能为机器学习只操作数据的特征值或非特征值提供了保障。

9.2　数据可视化

数据可视化

DataFrame的plot()函数通过简单地修改参数，就可以绘制不同类型的图形。以下两段代码分别显示了条形图（如图9.1）和散点图（如图9.2）的绘制，数据为water.csv和scatter.csv。

```
%matplotlib inline
import pandas as pd
import matplotlib.pyplot as plt
plt.rcParams['font.sans-serif'] = ['KaiTi']                #显示中文字符
plt.rcParams['font.serif'] = ['KaiTi']

df = pd.read_csv('_static/data/water.csv',index_col=0) #将月份设置为索引的索引列
print(df.head())
df.plot(kind='bar',grid=True)                              #显示网格线的参数网格
```

	蒸发量	降水量
01月	2.0	2.6
02月	4.9	5.9
03月	7.0	9.0
04月	23.2	26.4
05月	25.6	28.7

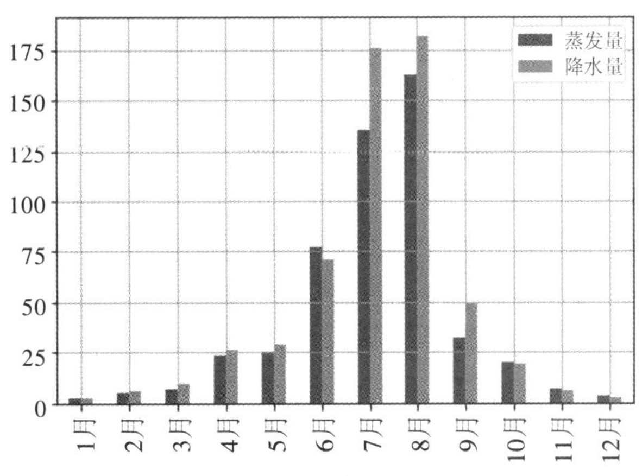

图9.1　降水量直方图

```
import pandas as pd
import matplotlib.pyplot as plt
plt.rcParams['axes.unicode_minus'] = False    # 正常显示负号
df = pd.read_csv('_static/data/scatter.csv')
print(df.head())
df.plot(kind='scatter',x='x',y='y',grid=True)  #"x"和"y"是df的列名称
```

```
   x        y
0  10       6.077686
1  25       14.791639
2  40       22.497566
3  55       28.670322
4  70       32.889242
```

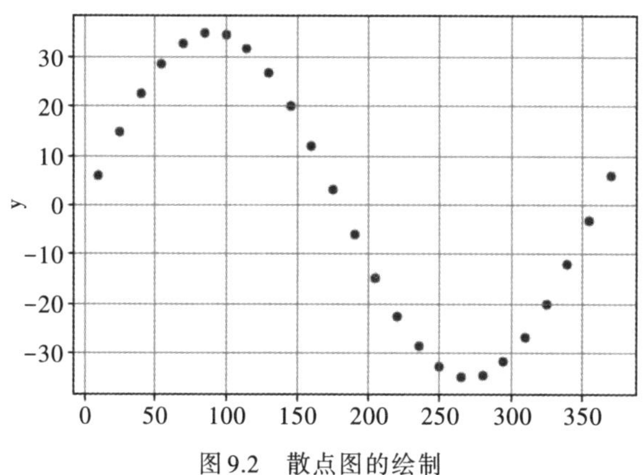

图9.2　散点图的绘制

将简单图形进行加工，很容易形成高级图形。以下代码读取第六章中爬取的全球GDP数据，使用横向直方图，将输出区域不断地进行延时清空和重绘，形成了动态变化的效果，展现了中国的GDP从1960年以来的迅猛发展。

```
%matplotlib inline
import matplotlib.pyplot as plt
import pandas as pd
from IPython import display
from pylab import mpl
mpl.rcParams['font.sans-serif'] = ['KaiTi']
```

```
07 mpl.rcParams['font.serif'] = ['KaiTi']
08
09 df = pd.read_csv('_static/data/gdpallyear_color.csv',header=None)
10 def draw(year):
11     plt.cla()  #clear the axis
12     data = df[df[4]==year].head(10)[::-1]
13     ax = data[3].plot(kind='barh',color=data[5])
14     ax.set_yticklabels(data[1])
15     ax.set_title(str(year))
16     display.clear_output(wait=True)
17     plt.pause(0.05)
18 plt.figure()
19 for year in range(1960,2018) :
20     draw(year)
```

其中,cla()函数清空当前的axis,防止数据重叠显示。第12行按照年份信息筛选当年的数据,这种筛选是Pandas的常见操作。clear_output函数清空Jupyter当前cell的输出结果,plt.pause函数表示绘制暂停,参数的单位为秒。

9.3 数据划分

数据划分

本小节以考试成绩转换为例,百分制转换为等级制,实现一个完整的数据划分流程。考试成绩有两种类型,一种是百分制,另外一种是等级制。将成绩从百分制转换为等级制,实际上就是将数据进行划分,转换为ABCDE五个级别,以下代码显示了详细的实现过程。

```
import pandas as pd
# df = pd.read_csv('_static/data/score.csv')
df = pd.read_csv('_static/data/score.csv',dtype = {'No': str})
print(df.head())
print(df.describe())
```

```
        No    score
```

```
0   1811050101   87
1   1811050102   83
2   1811050103   66
3   1811050104   78
4   1811050105   76
             score
count   41.000000
mean    79.829268
std     11.588577
min     49.000000
25%     72.000000
50%     81.000000
75%     88.000000
max     99.000000
```

首先从score.csv文件中读取数据，df是由数据直接形成的一个DataFrame。df.head()显示前几条记录，默认为5条。可以通过添加参数改变显示的记录数，例如：df.head(10)。与此类似，tail()函数显示最后几条数据。head()和tail()函数常用来浏览数据加载的大体情况。从输出的数据中可以看出，df有两列，学号(No)和成绩(score)。df.describe()显示数据的基本统计信息，仔细观察成绩列，可以看到数量、最小最大值、平均值、方差和四分位数等一系列基本的统计信息。describe()函数会显示所有数值类型列的统计信息。因为学号由纯数字组成，所以在describe()的结果中也会显示学号的统计信息。但显然毫无意义。因此在读取数据时，在第3行设定学号的类型为str，忽略其统计信息。

接下来，按照分数划分成不同的类别：

```
cats = pd.cut(df['score'],[0,60,70,80,90,100],labels=list("EDCBA"))
print(cats.head())
counts = pd.value_counts(cats)
print(counts)
print(type(counts))   # => <class 'pandas.core.series.Series'>
```

```
0    B
1    B
2    D
```

```
3       C
4       C
Name: score, dtype: category
Categories (5, object): [E < D < C < B < A]
B      15
C      12
A       6
D       5
E       3
Name: score, dtype: int64
<class'pandas.core.series.Series'>
```

用df['score']只取score这一列(类型为Series),用cut函数划分,参数[0, 60, 70, 80, 90, 100]共有6个数据,划分为[(0, 60] < (60, 70] < (70, 80] < (80, 90] < (90, 100]]五个区间,每个区间默认是左开右闭。list("EDCBA")形成一个列表['E','D','C','B','A'],为每个区间命名,使结果更加有意义。labels的参数为一个列表,上面例子中的参数应该为['E','D','C','B','A']。在上面代码中,之所以采用list("EDCBA")的形式,是因为这样书写比较简单。list函数将字符串中的每个字符认为是一个元素,形成列表。

也可以采用qcut()函数进行划分。二者的不同是:cut划分后每个区间的值的范围相同;qcut划分后每个区间的元素的数量相等。

cats.head()中显示了前5条数据归属的类别(category),例如:87属于(80,90]区间,因此归到B区间,注意cut()函数的返回值cats是一个Series,显示了每个数据对应的类别。

value_counts根据数据的值进行统计计数,显示了每个类别对应的记录数。得到的结果counts也是Series类型,以类别名称为键,以每个类别对应的数量为值,默认情况下是按照数量从大到小排列。

在上面的代码中,df['score'],cats,counts都是Series类型,体会Series的使用方法。

```
01 counts.plot(kind='pie')
```

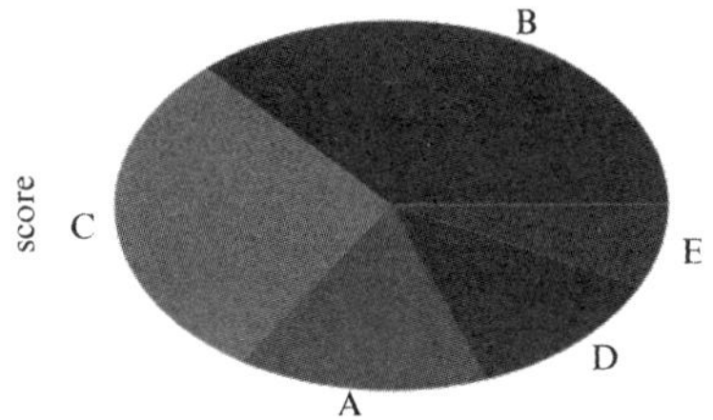

图9.3　分数划分结果的饼状图

最后绘制饼状图（见图9.3），plot是Pandas自带的绘图函数，kind是图的类型，例如：'bar', 'barh', 'pie', 'scatter', 'hist'等。详细使用方法参考pandas plot API。上面例子中主要为了对比不同类别之间的数量，因此采用了饼图(pie)。忽略输出部分可以看到，为了形成数据划分，从数据读取到数据可视化，只需4行代码即可完成，这展现了Pandas在数据处理中的强大功能。

```
import pandas as pd

df = pd.read_csv('_static/data/score.csv')
cats = pd.cut(df['score'],[0,60,70,80,90,100],labels=list("EDCBA"))
counts = pd.value_counts(cats)
counts.plot(kind='pie')
```

9.4 随机采样和抽取

随机采样和抽取

在一个大数据集中随机抽取样本是进行蒙特卡洛模拟或其他分析工作的重要基础。在Python中，选择np.random.permutation(N)的前K个元素，可以达到这个目的。N表示完整数据的大小，K为期望的样本大小。将N个元素进行随机排列组合，取排列结果中的前K项，结果既是随机的，又不会重复。permutation(N)与shuffle()的最大不同是：shuffle对原始数据进行修改，但permutation(N)不修改原始数据。

```
import pandas as pd
suits = pd.Series(['红桃','黑桃','梅花','方片'])
card_val = (list(range(1,11))+[10]*3)*4
base_names = pd.Series(['A']+list(range(2,11))+['J','Q','K'])
cards = (suit+str(base_name) for suit in suits for base_name in base_names)
deck = pd.Series(card_val,index=cards)
deck.head()
```

```
红桃A    1
红桃2    2
红桃3    3
红桃4    4
```

```
红桃5       5
dtype: int64
```

第2行建立了四种花色的Series。第3行为每张纸牌确定一个分值，其中 'J','Q','K' 对应的分值均为10。第4行为每种花色的纸牌进行命名上的区分。第5行将花色和每种花色对应的命名进行双重循环，确定每张纸牌的名称。第6行将每张纸牌的名称和对应的分值进行绑定。

从中抽取n张可以用以下代码完成：

```
import numpy as np
n=5
perm = np.random.permutation(len(deck))[:n]
print(perm)  # => [25 18 29 46 50]
result = deck.take(perm)
print(result)
```

```
[25  18  29  46  50]
黑桃K       10
黑桃6        6
梅花4        4
方片8        8
方片Q       10
dtype: int64
```

perm是一个列表，将0~53进行随机排列之后，取前n个数据。perm构成了一个索引，take()函数根据索引取出对应的数据，例如perm中最后一个索引为50，在deck中对应的是方片Q。将以上过程封装成一个函数，可得到相同的结果。

```
import numpy as np
def draw(deck,n=5):
    return deck.take(np.random.permutation(len(deck))[:n])
print(draw(deck))
```

9.5 数据分组

数据分组

假定这样一个场景，3个人在玩牌，每人抽取5张，分值最大的为赢家。

```
cards = draw(deck,15)
persons = pd.Series(['A','B','C']*5,index=cards.index)
game = pd.concat([cards,persons], axis=1)
game.columns= ['val','person']
game.head(9)
```

	val	person
梅花J	10	A
方片8	8	B
黑桃8	8	C
黑桃K	10	A
方片4	4	B
梅花A	1	C
红桃Q	10	A
红桃9	9	B
红桃2	2	C

如果想只查看玩家A的情况，可以根据person列进行选择。

```
print(game[game['person']=='A'])
```

	val	person
梅花J	10	A
黑桃K	10	A
红桃Q	10	A
黑桃A	1	A
红桃3	3	A

根据玩家进行分组，并分别进行求和。groupby()函数的参数是要进行分组的列名称。

```
result = game.groupby('person').sum()
print(result)
print(result.idxmax())
print(result.idxmax()['val'],'wins!')  # => B wins!
person    val
A          34
B          36
C          30
val     B
dtype: object
B wins!
```

result也是一个Series，而函数idxmax()获得最大值对应的索引。

通过以上处理过程可以看到，抽取了15张牌，分配给了3个玩家。利用groupby()函数进行分组，并分别求和。根据求和的结果取最大值的索引，确定游戏的赢家。

9.6 时间日期处理

时间日期处理

第6.5节展现了一个中国铁路12306查询指定时间段的车次的例子。将该示例的结果保存到trains.csv中：

```
%%writefile _static/data/trains.csv
车次,出发站,到达站,出发时间,到达时间,历时,商务座/特等座,一等座,二等座/二等包座,高级/软卧,软卧/一等卧,动卧,硬卧/二等卧,软座,硬座,无座,其他,备注
G1268,青岛北,葫芦岛北,06:01,12:53,06:52,候补,7,有,--,--,--,--,--,--,--,--,预订
G1248,青岛北,葫芦岛北,08:12,15:02,06:50,候补,7,有,--,--,--,--,--,--,--,--,预订
K956,青岛北,葫芦岛,18:07,09:40,15:33,--,--,--,--,候补,--,候补,--,有,有,--,预订
K702,青岛北,葫芦岛,18:30,10:26,15:56,--,--,--,--,候补,--,候补,--,2,无,--,预订
K1054,青岛北,葫芦岛,18:41,10:43,16:02,--,--,--,--,2,--,有,--,有,有,--,预订
K4688,青岛,葫芦岛,20:56,15:27,18:31,--,--,--,--,有,--,有,--,有,有,--,预订
```

然后读取数据：

```
01 import pandas as pd
02 trains = pd.read_csv('_static/data/trains.csv', usecols=range(6))
03 print(trains.head())
04 trains.info()
```

```
      车次    出发站    到达站    出发时间   到达时间    历时
0    G1268   青岛北   葫芦岛北   06:01     12:53     06:52
1    G1248   青岛北   葫芦岛北   08:12     15:02     06:50
2     K956   青岛北   葫芦岛     18:07     09:40     15:33
3     K702   青岛北   葫芦岛     18:30     10:26     15:56
4    K1054   青岛北   葫芦岛     18:41     10:43     16:02
<class 'pandas.core.frame.DataFrame'>
RangeIndex: 6 entries, 0 to 5

Data columns (total 6 columns):
车次      6 non-null object
出发站     6 non-null object
到达站     6 non-null object
出发时间    6 non-null object
到达时间    6 non-null object
历时      6 non-null object
dtypes: object(6)
memory usage: 368.0+ bytes
```

因为数据信息比较多,在第2行用usecols参数只读取前6列的数据;从第3行输出的DataFrame中看到,数据被正确读取;但是info信息显示,出发时间为object类型,因此无法在“出发时间”一列做比较操作,需要将其转换为时间日期类型。

```
trains=pd.read_csv('_static/data/trains.csv',usecols=range(6),parse_dates=['出发时间'])
print(trains['出发时间'].dtype)  # =>datetime64[ns]
print(trains.head())
trains.info()
```

在原有数据中,只提供了时间,而没有提供日期。读取时默认给定当前日期,显然出现了偏差。因此需要忽略日期部分。

```
trains['出发时间']=trains['出发时间'].dt.time
print(trains.head())
```

接下来,就可以进行查询:

```
01 from dateutil.parser import parse
02 start=parse('18:00').time()
03 end=parse('19:00').time()
04 print(trains[trains['出发时间'].between(start,end)])
05 #print(trains[(start<trains['出发时间']) & (trains['出发时间']<end)])
```

	车次	出发站	到达站	出发时间	到达时间	历时
2	K956	青岛北	葫芦岛	18:07:00	09:40	15:33
3	K702	青岛北	葫芦岛	18:30:00	10:26	15:56
4	K1054	青岛北	葫芦岛	18:41:00	10:43	16:02

parse()函数也会将时间自动添加当前日期,因此也需要只保留时间部分。第4行和第5行两种查询方法皆可。注意第5行复合条件的特殊写法,只能用符号&而不能用关键字and。

9.7　split-apply-combine策略

split-apply-combine策略

Pandas中的groupby方法主要用于执行split-apply-combine策略,该策略的主体思想为:

1)将数据集切分成一系列小块数据;

2)对每部分的数据执行相应的处理;

3)最后再汇总各部分的运算结果。

芝加哥政府将整个城市的员工工资数据挂在其数据开放平台[①]上,现在需要了解每个部门中最高工资的员工,就可以采用split-apply-combine策略。

① https://raw.githubusercontent.com/gjreda/gregreda.com/master/content/notebooks/data/city-of-chicago-salaries.csv

首先读取数据，由于原有的列标题名称比较长，用names直接进行改名；数据集的工资变量中包含美元符号，所以Python会识别成字符型变量，可以通过改变converters参数来改变读取规则。这里使用lambda匿名函数直接去掉了美元符号。

```
headers = ['name', 'title', 'department', 'salary']
chicago = pd.read_csv('_static/data/city-of-chicago-salaries.csv',
                      header=0,
                      names=headers,
                      converters={'salary': lambda x: float(x.replace('$', ' '))})
chicago.head()
```

	name	title	department	salary
0	AARON, ELVIA J	WATER RATE TAKER	WATER MGMNT	85512.0
1	AARON, JEFFERY M	POLICE OFFICER	POLICE	75372.0
2	AARON, KIMB…	CHIEF CONTR…	GENE…	80916.0
3	ABAD JR, VIC…	CIVIL ENGINEER IV	WATER MGMNT	99648.0
4	ABBATACOL…	ELECTRICAL MECHANIC	AVIATION	89440.0

通过groupby()，可以将数据按照部门进行划分，例如获取每个部门的平均工资，汇总，中位数等，以下代码将统计结果中的第15-19条记录进行展示：

```
by_dept = chicago.groupby('department')
print(by_dept.mean().iloc[15:20])
print(by_dept.sum().iloc[15:20])
print(by_dept.median().iloc[15:20])
```

```
department
FINANCE            69250.242308
FIRE               89579.082621
GENERAL SERVICES   80783.812004
HEALTH             77181.371379
HUMAN RELATIONS    84548.666667
……
```

下面按照split-apply-combine策略求解问题，具体步骤如下：

1)将所有记录按照salary从大到小排序

2)用groupby()按照部门进行划分(split)

3)对每个部门按照salary从高到低进行编号(apply)

4)对于所有记录(combine)进行筛选，求编号为1的员工(即salary最高)

利用groupby()函数可以定义一个函数用于：

```
01 import numpy as np
02 def ranker(df):
03     """Assigns a rank to each employee based on salary, with 1 being the highest paid."""
04     df['d_rank'] = np.arange(len(df)) + 1
05     return df
06
07 chicago.sort_values('salary', ascending=False, inplace=True)
08 chicago = chicago.groupby('department').apply(ranker)
09 chicago[chicago.d_rank == 1][['name','department','salary','d_rank']].head()
```

	name	department	salary	d_rank
18039	MC CARTHY, GARRY F	POLICE	260004.0	1
8004	EMANUEL, RAHM	MAYOR ' S OFFICE	216210.0	1
25588	SANTIAGO, JOSE A	FIRE	202728.0	1
763	ANDOLINO, RO…	AVIATION	186576.0	1
4697	CHOUCAIR, BECHARA N	HEALTH	177156.0	1

第7行对数据集按照salary进行降序排列；第8行按照department进行分组，分组后每个部门形成一个DataFrame对象，对每个部门的DataFrame对象，通过apply()函数分别执行ranker()函数，ranker()的作用是对传入的DataFrame创建新列d_rank，将所有的记录从高到低进行编号，从1标记到N，编号为1的是该部门salary最高的员工。第9行筛选出编号为1的记录，并显示前5条。这里的chicago.d_rank与chicago['d_rank']作用相同，对于DataFrame而言，每个列标题都是它的一个属性成员。

9.8 Pandas高级实用函数

在用python进行机器学习或者日常数据处理时，Pandas是最常用的库。掌握Pandas

是每一个数据科学家的必备技能，其中有很多非常实用的库函数。本节用代码+图片详解Pandas中的四个实用函数。

9.8.1 shift函数

假设有一组股票数据，需要对所有的行进行移动，获得前一天的股价，或者计算最近三天的平均股价。

面对这样的需求可以选择自定义一个函数完成，但是使用Pandas中的shift()可能是最好的选择，它可以将数据按照指定方式进行移动。

下面进行代码演示，首先导入相关库并创建示例DataFrame：

```
import pandas as pd
import numpy as np
df = pd.DataFrame({'DATE': [1, 2, 3, 4, 5],
                   'VOLUME': [100, 200, 300,400,500],
                   'PRICE': [214, 234, 253,272,291]})
```

```
   DATE  VOLUME  PRICE
0    1     100    214
1    2     200    234
2    3     300    253
3    4     400    272
4    5     500    291
```

当执行df.shift(1,fill_value=0)即可将数据往下移动一行，并用0填充空值，如图9.4所示。

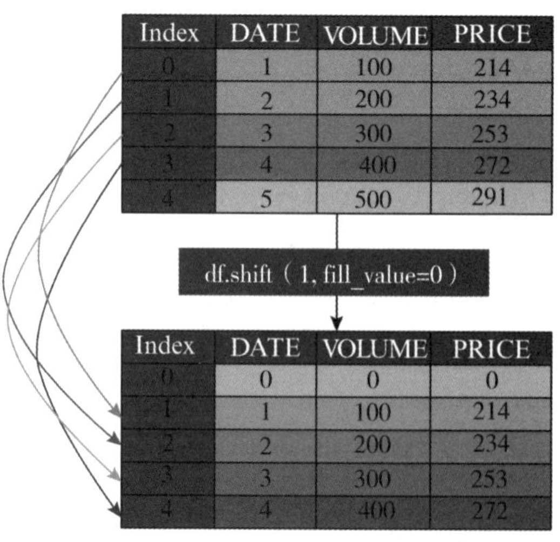

图9.4 df.shift移动数据示意图

现在，如果需要将前一天的股价作为新的列，则可以使用下面的代码：

```
df ['PREV_DAY_PRICE'] = df['PRICE'].shift(1,fill_value=0)
print(df)
```

```
   DATE  VOLUME  PRICE  PREV_DAY_PRICE
0     1     100    214               0
1     2     200    234             214
2     3     300    253             234
3     4     400    272             253
4     5     500    291             272
```

也可以如下轻松地计算最近三天的平均股价，并创建一个新的列：

```
df['LAST_3_DAYS_AVE_PRICE'] = (df['PRICE'].shift(1,fill_value=0) +
                              df['PRICE'].shift(2,fill_value=0) +
                              df['PRICE'].shift(3,fill_value=0))/3
print(df)
```

```
   DATE  VOLUME  PRICE  LAST_3_DAYS_AVE_PRICE
0     1     100    214               0.000000
1     2     200    234              71.333333
2     3     300    253             149.333333
3     4     400    272             233.666667
4     5     500    291             253.000000
```

向前移动数据也是很轻松的，使用-1即可：

```
df['TOMORROW_PRICE'] = df['PRICE'].shift(-1,fill_value=0)
print(df)
```

```
   DATE  VOLUME  PRICE  TOMORROW_PRICE
0     1     100    214             234
1     2     200    234             253
```

2	3	300	253	272
3	4	400	272	291
4	5	500	291	0

更多有关shift()函数可以查阅官方文档，总之在涉及数据移动时，需要想到shift！

9.8.2 value_counts函数

Pandas中的value_counts()用于统计DataFrame或Series中不同数或字符串出现的次数，并可以通过降序或升序对结果对象进行排序，图9.5可以方便理解。

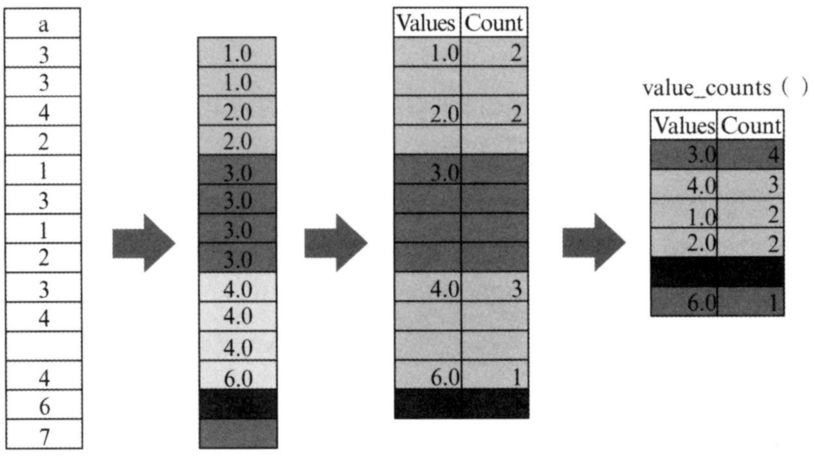

图9.5 value_counts()的处理示意图

下面是代码示例，首先是Index对象：

```
a = pd.Index([3,3,4,2,1,3,1,2,3,4,np.nan,4,6,7])
print(a.value_counts())
```

```
3.0    4
4.0    3
1.0    2
2.0    2
7.0    1
6.0    1
dtype: int64
```

下面是Series对象：

```
b = pd.Series(['ab','bc','cd',1,'cd','cd','bc','ab','bc',1,2,3,2,3,np.nan,1,np.nan])
print(b.value_counts())
```

```
bc      3
1       3
cd      3
ab      2
3       2
2       2
dtype:  int64
```

同时可以使用bin参数将结果划分为区间：

```
a = pd.Index([3,3,4,2,1,3,1,2,3,4,np.nan,4,6,7])
print(a.value_counts(bins=4))
```

```
(2.5, 4.0]       7
(0.993, 2.5]     4
(5.5, 7.0]       2
(4.0, 5.5]       0
dtype: int64
```

更多的细节与参数设置，可以阅读Pandas官方文档。

9.8.3 mask函数

Pandas中的mask方法比较冷门，和np.where比较类似，如图9.6。对cond条件进行判断，如果cond为False，保留原始值。如果为True，则用other中的相应值替换。

现在看图9.7的DataFrame，使用mask更改所有可以被二整除的元素的符号。

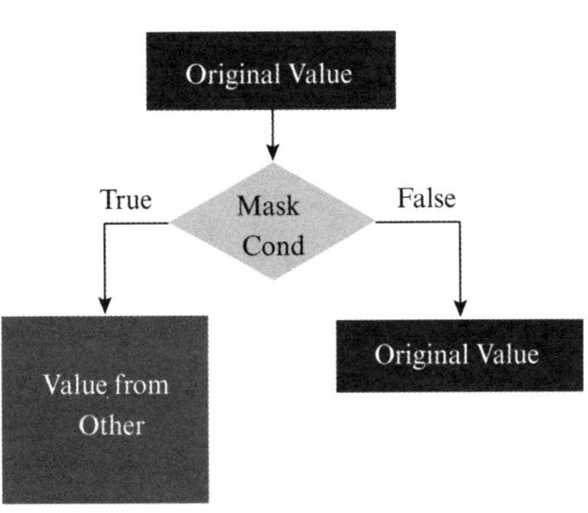

图9.6 mask函数处理结构

	A	B	C
0	0	1	2
1	3	4	5
2	6	7	8
3	9	10	11
4	12	13	14

	A	B	C
0	0	1	−2
1	3	4	5
2	−6	7	−8
3	9	−10	11
4	−12	13	−14

图9.7　mask函数对DataFrame的处理结果

下面是代码实现过程。

```
df = pd.DataFrame(np.arange(15).reshape(-1,3),columns=[ 'A','B','C'])
print(df)
```

```
    A   B   C
0   0   1   2
1   3   4   5
2   6   7   8
3   9  10  11
4  12  13  14
```

```
df  =  df.mask(df%2==0,-df)
print(df)
```

```
     A     B     C
0    0     1    -2
1    3    -4     5
2   -6     7    -8
3    9   -10    11
4  -12    13   -14
```

9.8.4　nlargest函数

在很多情况下，会遇到需要查找Series或DataFrame的前3名或后5名值的情况，例如，总得分最高的3名学生，或选举中获得的总票数最低的3名候选人。

Pandas中的nlargest()和nsmallest()是满足此类数据处理要求的最佳答案，下面图9.8就是从10个观测值中取最大的三个图解。

Index	Height	Weight
A	170	50
B	78	60
C	99	70
D	160	80
E	160	80
F	130	90
G	155	90
H	70	50
I	70	60
J	70	60

Index	Height	Weight
A	170	50
B	160	80
C	160	90
D	155	90
E	130	90
F	99	70
G	78	60
H	70	50
I	70	60
J	70	70

Index	Height	Weight
A	170	50
D	160	80
E	160	90

图 9.8 nlargest函数处理流程

下面是代码实现过程：

```
df = pd.DataFrame({'WEIGHT':[50,60,70,80,90,90,90,50,60,70],
                   'HEIGHT':[170,78,99,160,160,130,155,70,70,20]},
                   index=['A','B','C','D','E','F','G','H','I','J'])
print(df)
```

```
   WEIGHT  HEIGHT
A      50     170
B      60      78
C      70      99
D      80     160
E      90     160
F      90     130
G      90     155
H      50      70
I      60      70
J      70      20
```

调用nlargest函数。

```
print(df.nlargest(3,'HEIGHT'))
```

```
   HEIGHT  WEIGHT
A     170      50
D     160      80
E     160      90
```

如果有相等的情况，可以使用first, last, all进行保留，如图9.9所示。

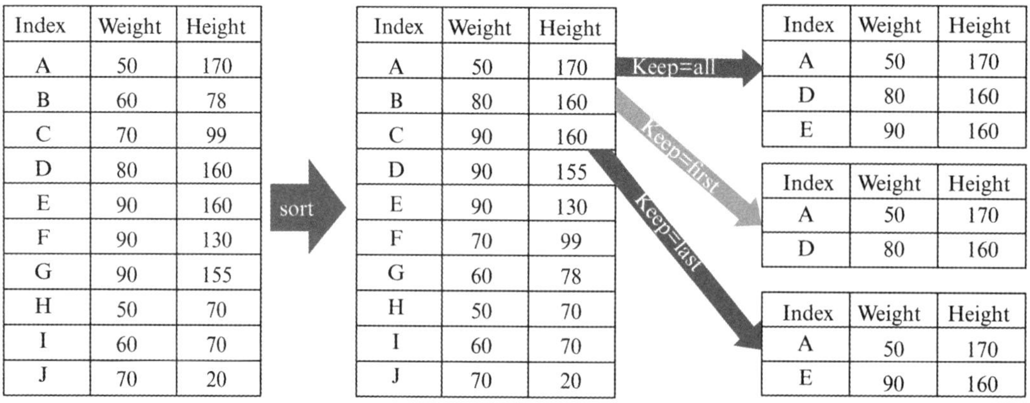

Index	Weight	Height
A	50	170
B	60	78
C	70	99
D	80	160
E	90	160
F	90	130
G	90	155
H	50	70
I	60	70
J	70	20

sort

Index	Weight	Height
A	50	170
B	80	160
C	90	160
D	90	155
E	90	130
F	70	99
G	60	78
H	50	70
I	60	70
J	70	20

Keep=all

Index	Weight	Height
A	50	170
D	80	160
E	90	160

Keep=first

Index	Weight	Height
A	50	170
D	80	160

Keep=last

Index	Weight	Height
A	50	170
E	90	160

图9.9　参数keep的作用

nsmallest()与nlargest()的使用方法完全相同，不再赘述。

9.9　数据分析可视化大屏

大屏可视化是指将数据展示在大尺寸显示屏上，以便更好地进行数据分析和决策。它可以提高信息传递效率、增强数据可视化效果、提升数据决策能力和增强用户体验。将Pandas和Matplotlib相结合，可以形成类似大屏数据分析的效果。以下是一个实际样例：

首先读取数据。

```
import pandas as pd
df = pd.read_csv('_static/data/superstore_dataset2011-2015.csv')
df[[ 'Order Date', 'Sales', 'Profit', 'Product Name', 'Country']].head()
```

	Order Date	Sales	Profit	Product Name	Country
0	2011-01-01	408.300	106.140	Tenex Lockers, Blue	Algeria
1	2011-01-01	120.366	36.036	Acme Trimmer, High Speed	Australia
2	2011-01-01	66.120	29.640	Tenex Box, Single Width	Hungary
3	2011-01-01	44.865	-26.055	Enermax Note Cards, Premium	Sweden
4	2011-01-01	113.670	37.770	Eldon Light Bulb,Duo Pack	Australia

然后将数据进行处理，得到需要展示的分析结果。

```
# 将“Order Date”转换为 datetime 类型
df[ 'Order Date '] = pd.to_datetime(df[ 'Order Date '])
# 按照年份对销售额进行求和
sales_by_year = df.groupby(df[ 'Order Date '].dt.year)[ 'Sales '].sum()
# 按照年份对利润进行求和
profit_by_year = df.groupby(df[ 'Order Date '].dt.year)[ 'Profit '].sum()
# 按照产品名对利润进行求和,降序
profit_by_product = df.groupby( 'Product Name ')[ 'Profit '].sum()
.sort_values(ascending=False)[:50]
# 按照国家对利润进行求和
profit_by_country = df.groupby( 'Country ')[ 'Profit '].sum()
# 转换成 DataFrame
profit_by_country = profit_by_country.reset_index().iloc[:44,:]
```

先画第一个子图,展现每年的销售量。

```
def piechart(ax):
    ax.set_title( 'Sales By Year ') # 设置标题
    # 绘制外层圆环,半径 1.2,宽度 0.3,颜色灰色
    outer_circle = plt.Circle((0, 0), radius=1.2, color= 'gray ', fill=False, lw=0.3)
    ax.add_artist(outer_circle)

    # 绘制内层饼图,半径 1,配色深色调色板,启用阴影,添加到第 1 个子图
    ax.pie(sales_by_year.values,
           radius=1,
           colors=[ '#FFC107 ', '#03A9F4 ', '#8BC34A ', '#F44336 '],
           startangle=90,
           wedgeprops=dict(width=0.6, edgecolor= 'w '),
           labels=sales_by_year.index, autopct= '%1.1f%% ',
           pctdistance=0.85, labeldistance=1.05, shadow=True)
```

再画第二个子图,分析每年的利润。

```
def barchart(ax):
    ax.set_title( 'Profit By Year ')
    # 绘制柱状图,使用淡橙色填充,设置X轴标签、网格线
    ax.bar(profit_by_year.index, profit_by_year.values, color= '#FFBE7A ')
    ax.set_xticks(profit_by_year.index)
ax.grid()
```

第三个子图是一个表格,按照国家对利润进行汇总。为了使表格更加美观,对奇偶行设置了不同的颜色。cell_colors是一个二维列表,将使用的颜色在同行上进行了复制,然后根据行数的奇偶设置两种不同的颜色。

```
def linechart(ax):
    ax.set_title( 'Countries Rank ')
    # 创建单元格颜色列表
    cell_colors=[[ '#E0F2F7 ' ifi%2==0else '#FFFFFF ']*profit_by_country.shape[1]
                    for i in range(profit_by_country.shape[0])]
    #绘制表格,填入数据和颜色列表,添加列名、居中显示,添加到子图中心
    ax.table(cellText=profit_by_country.values,
                cellColours=cell_colors,
                colLabels=profit_by_country.columns,
                cellLoc= 'center ', loc= 'center ')
    ax.axis( 'off ') # 隐藏坐标轴
```

第4个子图是一个折线图,按照从大到小的顺序展现每种商品的利润。第5行将折线以下区域进行半透明填充,形成更加良好的趋势表达。

```
01 def linechart(ax):
02     ax.set_title( 'Profit By Goods ')
03     #制折线图,使用蓝色线条连接数据点并添加数据点,填充线下区域为浅蓝色
04     ax.plot(profit_by_product.index,profit_by_product.values, 'o- ',color= '#82B0D2 ')
05     ax.fill_between(profit_by_product.index, profit_by_product.values, color= 'light
                    blue ', alpha=0.5)
06     # 设定X轴刻度线和标签,缩短X轴标签长度并旋转至垂直,设置网格线
```

```
ax.set_xticks(profit_by_product.index)
ax.set_xticklabels([x[:5] for x in profit_by_product.index], rotation=-90)
ax.grid()
```

最后，采用matplotlib的subplot2grid函数，将屏幕划分为6个子区域，并通过合并保留4个区域，形成可视化大屏的效果。

```
01 # 导入matplotlib.pyplot模块，并设置画布大小和dpi
02 import matplotlib.pyplot as plt
03 fig = plt.figure(figsize=(20,10), dpi=150)
04
05 # 将画布划分为2x3的网格，指定子图位置、跨行或列
06 ax1 = plt.subplot2grid((2, 3), (0, 0))
07 ax2 = plt.subplot2grid((2, 3), (0, 1))
08 ax3 = plt.subplot2grid((2, 3), (0, 2), rowspan=2)#在0,2位置，将两行合并
09 ax4 = plt.subplot2grid((2, 3), (1, 0), colspan=2) #在1,0位置，将两列合并
10
11 piechart(ax1)                                   # 绘制第一个子图
12 barchart(ax2)                                   # 绘制第二个子图
13 tablechart(ax3)                                 # 绘制第三个子图
14 linechart(ax4)                                  # 绘制第四个子图
15
16 plt.savefig( './数据大屏 .jpg ')
17 plt.show()
```

注意第8-9行代码，通过合并，可以产生相对复杂的布局，使整个大屏展示的效果更加生动。

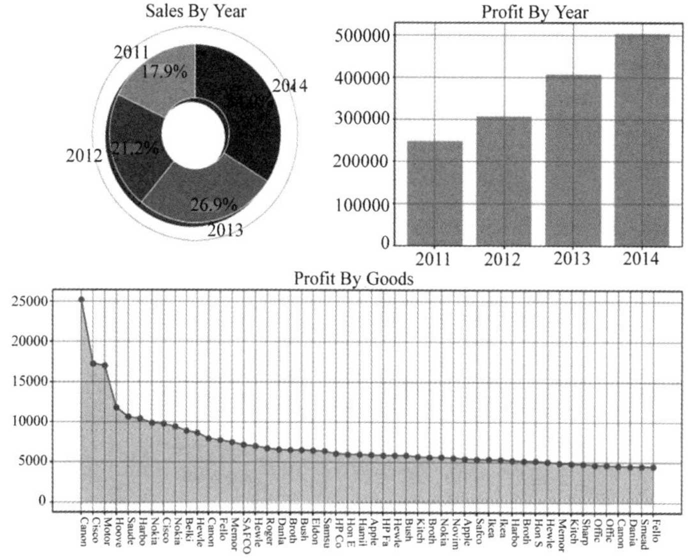

Countries Rank

Country	Proht
Nghanistan	5460.3
Abanis	709.319999999999
Ageria	9106.5
Angola	0494.97
Ngentina	-18693.79672
Armenia	69.09
Australa	303907.433
Austria	24341.7
Azerbajan	1831.05
lahrain	12.04
Bangladesh	19430.69
Barbados	2193.79392
Belarus	4534.26
Beigium	11572.59
Denin	1349.19
Doliva	2229.15
Bosnia and Herzegovina	60.100000000001
Brazi	30090.49890
Bulgara	3922.59
Burundi	103.08
Cambodia	4476.54
Cameroan	2604.75
Canada	17817.39
Central Atncan Republic	408.54
Chad	90.0
Chile	7744.33072
China	150683.085
Colambia	18798.04976
Cote d'hvoire	6430.62
Croatis	1303.91999999998
Quba	38889.21548
Czech Republic	2093.549999999997
Democratic Pepublic of the Congo	21660.58
Denmark	4282.047
Djibouti	804.09
Dominican Repubic	-7613.49872
Ecuador	2548.10036
Egypt	19702.23
El Salvador	42023.2432
Equatorial Guinea	44.46
Eritrea	76.2
Estonia	1110.18
Ethiopia	290.16
Anland	3905.73

图9.10　可视化大屏效果

本章习题

1. 读取mainland.csv文件创建一个DataFrame,添加新列计算各省的人均GDP,并根据人均GDP进行排序。提示:obj['新列名 ']=val,直接创建新列。
2. 结合数据爬虫12306的示例,将“历时”数据进行填充。
3. 结合数据爬虫12306的示例,寻找历时最短的车次。提示:使用Numpy.min()。
4. 对于芝加哥政府求每个部门中最高收入的所有员工信息的问题,不使用自定义函数,而是使用内嵌函数numpy.argmax实现相同的结果。提示:先获取目标员工的index,然后用isin函数进行布尔选取。
5. 采用Pandas读入鸢尾花数据文件iris.csv,筛选其中setosa列为a的行数据,将筛选出来的数据中对应的versicolor列进行求和。输入为一个数值a,输出versicolor列求和的结果。

   【样例输入】

   1.4

   【样例输出】

   2.7
6. 对于给定的文件Chicago.csv,输入一个Department名称,输出该部门的平均工资(保存小数点后6位)。注意,默认的Salary列的数值前有个$符号。输入为一个部门名称。

   【样例输入】

   AVIATION

【样例输出】

70638.249130

7. 登录网站,https://www.kaggle.com/learn/pandas,完成所有课程和练习,并获得证书。Kaggle网站的profile中的Display Name请设定为“学号+姓名”。

(1)把异常的年龄替换成缺失,把package等于-9的替换成0。

(2)创建一个新列,以30, 40, 50为分隔点把年龄分为4组。

(3)为SHabit列创建哑变量,新列名的前缀为SHabit。

8. 登录网站,https://www.kaggle.com/learn/data-cleaning,完成所有课程和练习,并获得如下证书。Kaggle网站的profile中的Display Name请设定为“学号+姓名”。证书见图10.13所示。

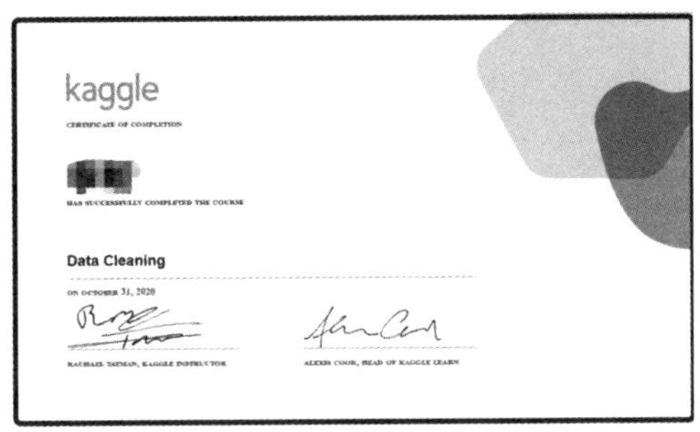

图9.11 Kaggle样式图

第10章　Pandas综合应用

本章重点难点：以MovieLens数据集为基础，展现Pandas的综合应用。

本章将利用MovieLens数据集[①]介绍DataFrame的使用方法。MovieLens数据集是一个关于电影评分的数据集，里面包含了由943个用户对1682部电影进行的100,000个评级。

10.1　数据读取和检查

数据读取

10.1.1　数据读取

```
import pandas as pd
#为每个CSV传递列名
u_cols =['user_id', 'age', 'sex', 'occupation', 'zip_code']
users = pd.read_csv('_static/data/ml-100k/u.user',sep='|',names=u_cols,
                encoding='utf-8')
r_cols = ['user_id', 'movie_id', 'rating', 'unix_timestamp']
ratings = pd.read_csv('_static/data/ml-100k/u.data',sep='\t',names=r_cols,
                encoding='utf-8')
# 电影文件包含电影类型的列
# 只用usecols加载文件的前五列
m_cols =['movie_id', 'title', 'release_date', 'video_release_date', 'imdb_url']
movies = pd.read_csv( '_static/data/ml-100k/u.item',sep='|',names=m_cols,
                usecols=range(5),encoding='latin-1')
```

以上示例从MovieLens数据集中读取了三个数据：用户数据users，电影数据movies和评价数据ratings。三个数据都是csv文件格式，但是分隔符不同，用sep设置为不同的分

① https://grouplens.org/datasets/movielens/100k/

隔符；数据集中没有列名称，用names参数进行了手工设置，具体列名称可以参考数据集中提供的readme文件；movies数据包含的列数较多，使用参数usecols仅读取前5列；因为各国文字所使用的字符编码不同，encoding成为了非常重要的一个参数，utf-8是最常使用的字符编码，因为movies里有特殊字符，只能使用latin-1编码。

10.1.2 数据检查

数据检查

Pandas中有许多用于获取 DataFrame 基本信息的函数，其中最常用的是info函数。

```
01 movies.info()
```

```
<class 'pandas.core.frame.DataFrame'>
RangeIndex: 1682 entries, 0 to 1681
Data columns (total 5 columns):
#   Column              Non-Null Count   Dtype
0   movie_id            1682 non-null    int64
1   title               1682 non-null    object
2   release_date        1681 non-null    object
3   video_release_date  0 non-null       float64
4   imdb_url            1679 non-null    object
dtypes: float64(1), int64(1), object(3)
memory usage: 65.8+ KB
```

上述函数的输出结果显示：该数据集是一个DataFrame实例；数据的行索引是从0到N-1的一组数字，其中N为DataFrame的行数，数据集中共有1682行记录；数据集中有五列变量，其中变量video_release_date中没有数据，变量release_date和imdb_url中存在个别缺失值；dtypes行给出了变量数据类型的汇总情况；dtypes方法获取每个变量的数据类型，这是Pandas根据数据自动生成的类型；memory usage表示保存该数据集所占据的内存。

DataFrame中的describe函数可用于获取数据集的常用统计量信息，该函数仅会返回数值型变量的信息。

```
01 users.describe()
```

```
          user_id         age
count  943.000000  943.000000
mean   472.000000   34.051962
std    272.364951   12.192740
min      1.000000    7.000000
25%    236.500000   25.000000
50%    472.000000   31.000000
75%    707.500000   43.000000
max    943.000000   73.000000
```

从以上输出结果中可以看出，用户的平均年龄为34岁，最年轻的用户为7岁，最年长的用户为73岁，中位数为31岁，25分位数为25岁，75分位数为43岁。

使用head()或tail()函数初步浏览数据时，默认情况下，head()函数会返回数据集的前五条记录，tail()函数会返回最后五条记录。

```
01 movies.head()
```

```
   movie_id              title  release_date  video_release_date  \
0         1   Toy Story (1995)   01-Jan-1995                 NaN
1         2   GoldenEye (1995)   01-Jan-1995                 NaN
2         3  Four Rooms (1995)   01-Jan-1995                 NaN
3         4  Get Shorty (1995)   01-Jan-1995                 NaN
4         5     Copycat (1995)   01-Jan-1995                 NaN
            imdb_url
0 http://us.imdb.com/M/title-exact?Toy%20Story%2...
1 http://us.imdb.com/M/title-exact?GoldenEye%20(...
2 http://us.imdb.com/M/title-exact?Four%20Rooms%...
3 http://us.imdb.com/M/title-exact?Get%20Shorty%...
4 http://us.imdb.com/M/title-exact?Copycat%20(1995)
```

10.2 数据选择

数据选择

10.2.1 列数据筛选

可以将DataFrame看作一组共享索引的Series，这种数据组合形式可以更方便地选择特定的列，因此从DataFrame中选取某个变量，将会返回一个Series对象。

```
users['occupation'].head()
```

```
0    technician
1         other
2        writer
3    technician
4         other
Name: occupation, dtype: object
```

如果将多个变量的名字传递给DataFrame，可以获得包含多列变量的DataFrame。

```
print(users[['age', 'zip_code']].head())
columns_you_want = ['occupation', 'sex']
print(users[columns_you_want].head())
```

```
   age zip_code
0   24    85711
1   53    94043
2   23    32067
3   24    43537
4   33    15213
   occupation sex
0  technician   M
1       other   F
2      writer   M
3  technician   M
4       other   F
```

10.2.2　行数据筛选

DataFrame提取行数据有多种方法，常用的方法有布尔索引法和行索引法。

```
users[users.age > 25].head(3)
print(users[(users.age == 40) & (users.sex == 'M')].head(3))
print(users[(users.sex == 'F') | (users.age < 30)].head(3))
```

```
     user_id  age sex  occupation zip_code
18        19   40   M   librarian    02138
82        83   40   M       other    44133
115      116   40   M  healthcare    97232
   user_id  age sex  occupation   zip_code
0        1   24   M  technician     85711
1        2   53   F       other     94043
2        3   23   M      writer     32067
```

可以利用set_index函数将user_id设定为索引列。默认情况下,set_index函数将返回一个新的DataFrame副本,可以通过设置参数inplace=True在原DataFrame上进行修改。如果需要恢复默认索引变量,可以使用reset_index函数。

```
users.set_index('user_id', inplace=True)
users.head()
```

```
         age  sex  occupation  zip_code
user_id
1         24    M  technician     85711
2         53    F       other     94043
3         23    M      writer     32067
4         24    M  technician     43537
5         33    F       other     15213
```

既可以利用iloc函数根据位置选择相应的行数据。

```
print(users.iloc[99])
print(users.iloc[[1, 50, 300]])
```

```
age                36
sex                 M
occupation   executive
zip_code        90254
Name: 100, dtype: object
       age  sex  occupation  zip_code
user_id
2        53   F       other     94043
51       28   M    educator     16509
301      24   M     student     55439
```

从输出结果可以看到，对于序号为99的检索结果，记录的Name为100，因为序号是从0开始，所以二者从位置上完全对应。在Series中，Name就是该记录的索引列的值。同理，[1,50,300]三条记录对应的user_id为2，51和301。

也可以利用loc函数根据索引列的值进行数据选取。

```
01 print(users.loc[100])
02 print(users.loc[[2, 51, 301]])
```

```
age                36
sex                 M
occupation   executive
zip_code        90254
Name: 100, dtype: object
user_id  age  sex occupation  zip_code
2         53    F      other     94043
51        28    M   educator     16509
301       24    M    student     55439
```

除了布尔索引、iloc函数和loc函数，Pandas还有其他的选择方法。请查阅官方文档。

10.3 数据合并

数据聚合

在数据分析过程中，经常需要根据一定的规则合并多个数据集，数据集的合并(merge)或连接(join)运算是通过一个或多个键按行连接,这些运算是关系型数据库的核心。

MovieLens数据集就是一个很好的例子——每个电影评价都涉及用户和电影信息,可以通过user_id和movie_id将其连接起来。

本节内容主要通过数据合并和分析,寻找评价最多的电影。

10.3.1 数据聚合

首先了解一下ratings数据中包含的信息,如表10.1所示。

表10.1 ratings数据的列结构

列名	movie_id	user_id	rating	unix_timestamp
含义	被评价电影的id	评价用户的id	评价分数	时间戳

根据movie_id进行分组统计,找出评价最多的电影:

```
most_rated = ratings.groupby('movie_id').size().sort_values(ascending=False)
most_rated.head()
```

```
movie_id
50        583
258       509
100       508
181       507
294       485
dtype: int64
```

以上示例首先按照movie_id进行划分,然后用size()函数统计样本的个数,并按照数量进行降序排列,得到评价数量最多的电影。以上示例有个小小遗憾,虽然解决了问题,但是只知道movie_id,不知道具体是哪一部电影,不利于人类感知。电影的具体信息存放在movies数据中,需要将两个数据进行连接。

```
lens = pd.merge(ratings,movies,on='movie_id')
most_rated = lens.groupby('title').size().sort_values(ascending=False)
most_rated.head()
```

以上需求可以用value_counts()函数更简便地实现，函数的返回值自动按照降序排列：

```
01 lens.title.value_counts().head()
```

```
Star Wars (1977)                583
Contact (1997)                  509
Fargo (1996)                    508
Return of the Jedi (1983)       507
Liar Liar (1997)                485
Name: title, dtype: int64
```

pandas.merge根据键movie_id将两个数据集进行了合并，合并后的数据集同时拥有了两个数据集的所有列，信息更加完整。在此基础上根据title进行划分，结果中清晰地显示了电影的名称和评价数。

pandas.merge根据某几个键值合并两个DataFrame，是Pandas中数据合并主要方法。

- 参数on指定连接列；
- 不指定时，merge会将重叠列的列名当作键，但强烈建议显式指定；
- 该函数提供了on，left_on，right_on，left_index，right_index等一系列的参数。

pandas.merge函数另外一个非常重要的参数是how，用来控制合并的方式；

- 默认为内连接方式inner，即取两个DataFrame键的交集；
- 还可以设置为outer，即取两个DataFrame键的合集；
- left以第一个DataFrame的键为主；
- right以第二个DataFrame的键为主。

关于pandas.merge的更多信息参考官方文档。

面向列的多函数应用

10.3.2　面向列的多函数应用

对不同的列采用不同的聚合函数，或一次应用多个函数，这就是多函数应用。例如：寻找评价数超过100的平均评分最高的电影，需要评价数和平均评分两个聚合信息。

```
01 import numpy as np
02 movie_stats = lens.groupby('title').agg({'rating': [np.size, np.mean]})
03 print(movie_stats.head())
```

	rating	
	size	mean
title		
'Til There Was You (1997)	9	2.333333
1-900 (1994)	5	2.600000
101 Dalmatians (1996)	109	2.908257
12 Angry Men (1957)	125	4.344000
187 (1997)	41	3.024390

利用agg()函数对分组后的rating列传入size和mean两个聚合函数。agg()函数的参数是一个字典,指定要聚合的列(作为键)和要应用的函数列表。对汇总结果进行排序即可得到评价最高的电影:

```
# 按平均评分排序
movie_stats.sort_values([('rating', 'mean')], ascending=False).head()
```

	rating	
	size	mean
title		
They Made Me a Criminal (1939)	1	5.0
Marlene Dietrich: Shadow and Light (1996)	1	5.0
Saint of Fort Washington, The (1993)	2	5.0
Someone Else's America (1995)	1	5.0
Star Kid (1997)	3	5.0

由于movie_stats是一个DataFrame,可以利用sort函数排序,Series对象则使用order函数。由于该数据集包含多层索引,mean在rating的下一个层次,需要传递一个元组数据来指定排序变量。

以上结果列出来的电影虽然评分很高,但是评价数量都非常少,不具有权威性,因此考虑对数据集进行筛选处理,只分析评价数量大于100的电影:

```
least100 = movie_stats['rating']['size'] >= 100
print(movie_stats[least100].sort_values([('rating', 'mean')], ascending=False).head())
```

	rating	
	size	mean
title		
Close Shave, A (1995)	112	4.491071
Schindler ' s List (1993)	298	4.466443
Wrong Trousers, The (1993)	118	4.466102
Casablanca (1942)	243	4.456790
Shawshank Redemption, The (1994)	283	4.445230

10.4　数据划分

数据可视化

10.4.1　数据可视化

Pandas整合了matplotlib的基础画图功能，经过非常简单的调用，就可以对数据进行可视化，帮助用户更好地观察数据。如图10.1所示，展现了用户的年龄分布情况的柱状图：

```
%matplotlib inline
import matplotlib.pyplot as plt
users.age.plot.hist(bins=30)
plt.title("Distribution of users'  ages")
plt.ylabel('count of users ' )
plt.xlabel('age')
```

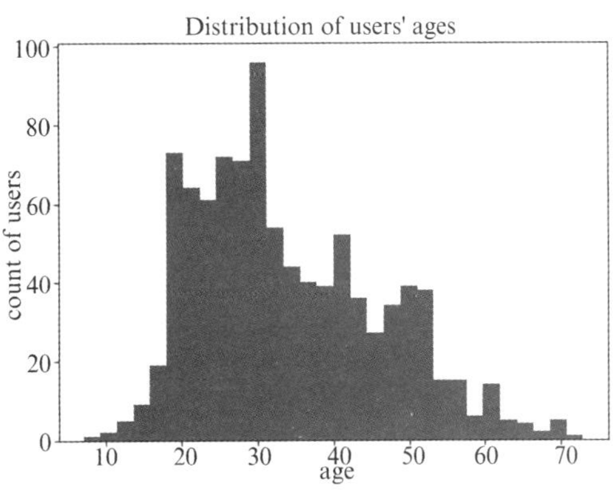

图10.1　用户年龄分布图

10.4.2 对用户进行分箱处理

对用户进行分箱处理

因为对比某个具体年龄的操作并不具有实际意义，所以首先应该根据用户的年龄情况利用pandas.cut将所有用户进行分箱处理。

```
01 lens = pd.merge(lens,users,on='user_id')
02 labels =['0-9', '10-19', '20-29', '30-39', '40-49', '50-59', '60-69', '70-79']
03 lens['age_group'] = pd.cut(lens.age, range(0, 81, 10), right=False, labels=labels)
04 print(lens[['age', 'age_group ' ]].drop_duplicates().head())
```

```
     age  age_group
0     49      40-49
39    31      30-39
132   28      20-29
182   25      20-29
233   45      40-49
```

第1行将评价信息与用户数据连接到一起；第3行用cut()函数将所有年龄段分成了八组(0-9,10-19,20-29,...)，并把分组的结果作为一个新列添加到DataFrame中，其中参数right=False用于剔除掉区间上界数据，例如30岁的用户对应的标签为30-39；第4行展现了年龄的分组的初步状况，drop_duplicates()函数删除重复数据。

现在可以比较不同年龄组之间的评分情况：

```
print(lens.groupby('age_group').agg({'rating':[np.size, np.mean]}))
```

```
          rating
            size      mean
age_group
0-9           43  3.767442
10-19       8181  3.486126
20-29      39535  3.467333
30-39      25696  3.554444
40-49      15021  3.591772
```

```
50-59        8704    3.635800
60-69        2623    3.648875
70-79         197    3.649746
```

从结果中可以看出，年轻用户比其他年龄段的用户更加挑剔，评分较低；20-39年龄群体是看电影的主要群体。

10.4.3 多级划分

多级划分

为了展示多级划分，可以构建这样一个场景：从数据集中筛选出评价数最高的20部电影，展现每部电影（第一级）在不同年龄段（第二级）的评分情况：

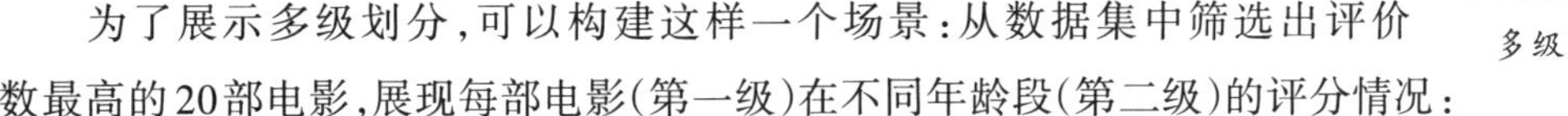

```
most20 = most_rated[:20]
# print(most20)
# lens.reset_index(inplace=True)
by_age = lens[lens.title.isin(most20.index)].groupby(['title', 'age_group'])
result = by_age.rating.mean()
result
```

```
title                  age_group
Air Force One (1997)   10-19        3.647059
                       20-29        3.666667
                       30-39        3.570000
                       40-49        3.555556
                       50-59        3.750000
                       60-69        3.666667
                       70-79        3.666667
Chasing Amy (1997)     10-19        4.257143
                       20-29        3.829787
                       30-39        3.710526
                       40-49        3.914894
                       50-59        3.846154
                       60-69        2.857143
……
```

```
Twelve Monkeys (1995)  0-9        4.000000
                       10-19      3.916667
                       20-29      3.847458
                       30-39      3.788462
                       40-49      3.653846
                       50-59      3.650000
                       60-69      3.000000
Name: rating, Length: 139, dtype: float64
```

most20是most_rated的前20部电影的评价数，它是一个Series，而它的索引是title。采用布尔选择，挑选lens中title在most20.index的数据，按照title和age_group进行二级划分。result是一个Series，但是有二级索引，电影标题和年龄组都是索引，平均评分为Series对象的值。

上面的示例也可以转换为loc切片方式：

```
most20 = most_rated[:20]
# print(lens)
lens.set_index('title', inplace=True)
by_age = lens.loc[most20.index].groupby(['title', 'age_group'])
result = by_age.rating.mean()
result
```

```
title                   age_group
Air Force One (1997)    10-19        3.647059
                        20-29        3.666667
                        30-39        3.570000
                        40-49        3.555556
                        50-59        3.750000
                        60-69        3.666667
                        70-79        3.666667
Chasing Amy (1997)      10-19        4.257143
                        20-29        3.829787
                        30-39        3.710526
                        40-49        3.914894
```

unstack(1)函数主要用于拆分多层索引，此例中将移除第二层索引然后将其转换成列向量。unstack()函数的参数表示将哪一级索引进行横向拆分。如果参数设置为0，将电影标题title进行横向拆分，结果表格中以年龄段为行，以电影标题为列：

```
01 by_age.rating.mean().unstack(0)
```

```
title     Air Force One (1997)  Chasing Amy (1997)  Contact (1997) \
age_group
0-9              NaN                 NaN              5.000000
10-19            3.647059            4.257143         3.693878
20-29            3.666667            3.829787         3.785714
30-39            3.570000            3.710526         3.847458
40-49            3.555556            3.914894         3.866667
50-59            3.750000            3.846154         3.739130
60-69            3.666667            2.857143         3.777778
70-79            3.666667            NaN              NaN
……
title     Toy Story (1995)  Twelve Monkeys (1995)
age_group
0-9            NaN               4.000000
10-19          3.621622          3.916667
20-29          3.920635          3.847458
30-39          4.033058          3.788462
40-49          3.700000          3.653846
50-59          3.758621          3.650000
60-69          3.400000          3.000000
70-79          5.000000          NaN
```

在以上结果中，部分电影在0~9岁年龄段没有评价数据，显示为NaN，表示缺失值，可以使用fillna()函数将其设置为指定值，其参数为新设定值。

```
01 result = by_age.rating.mean().unstack(1).fillna(0)
02 result.head()
```

age_group	0-9	10-19	20-29	30-39	40-49 \
title					
Air Force One (1997)	0.0	3.647059	3.666667	3.570000	3.555556
Chasing Amy (1997)	0.0	4.257143	3.829787	3.710526	3.914894
Contact (1997)	5.0	3.693878	3.785714	3.847458	3.866667
Empire Strikes Back, The (1980)	4.0	4.642857	4.311688	4.052083	4.100000
English Patient, The (1996)	5.0	3.739130	3.571429	3.621849	3.634615

age_group	50-59	60-69	70-79
title			
Air Force One (1997)	3.750000	3.666667	3.666667
Chasing Amy (1997)	3.846154	2.857143	0.000000
Contact (1997)	3.739130	3.777778	0.000000
Empire Strikes Back, The (1980)	3.909091	4.250000	5.000000
English Patient, The (1996)	3.774648	3.904762	4.500000

缺失数据处理是Pandas的一项重要任务，相关函数包括是否为空值isnull()，是否为缺失值isna()，舍弃缺失值dropna()。

10.5 数据透视表

数据透视表

男女由于性别不同，对电影喜欢也不同，如何能体现不同性别对电影喜好程度呢？

1)可以根据每部电影按照性别划分

2)分别计算平均评分，平均评分差异从某种程度上代表了喜好的差异

存在问题：必须同时处理多列数据，运算非常麻烦

解决方案：DataFrame提供了一个简便的函数pivot_table()数据透视表解决这类问题：

```
# lens.reset_index('movie_id', inplace=True)
pivoted = lens.pivot_table(index=['movie_id', 'title'],
                           columns=['sex'],
                           values='rating',
                           fill_value=0)
pivoted.head()
```

sex		F	M
movie_id	title		
1	Toy Story (1995)	3.789916	3.909910
2	GoldenEye (1995)	3.368421	3.178571
3	Four Rooms (1995)	2.687500	3.108108
4	Get Shorty (1995)	3.400000	3.591463
5	Copycat (1995)	3.772727	3.140625

数据透视表把movie_id和title作为二级索引定义为行，将sex的值作为列，因此形成了F和M两列，rating被作为了表的值，结果中展现的值都是受行列约束后对应位置的平均值。参数fill_value对缺失值用0进行填充。

为了计算差异，为pivoted添加列diff。

```
pivoted['diff']=pivoted.M - pivoted.F
pivoted.head()
most50 = most_rated[:50]
def draw():
    pivoted.reset_index('title', inplace=True)
    disagreements = pivoted[pivoted.title.isin(most50.index)]['diff']
    disagreements.sort_values().plot(kind='barh', figsize=[9, 15])
    plt.title('Male vs. Female Avg. Ratings\n(Difference > 0 = Favored by Men)')
    plt.ylabel('Title')
    plt.xlabel('AverageRatingDifference')
```

将透视表中评价最多的50部电影的数据截取出来，用其中的diff数据进行绘图，从图10.2中可以看出，男性喜欢《终结者》的程度远高于女性，女性用户则更喜欢《独立日》。

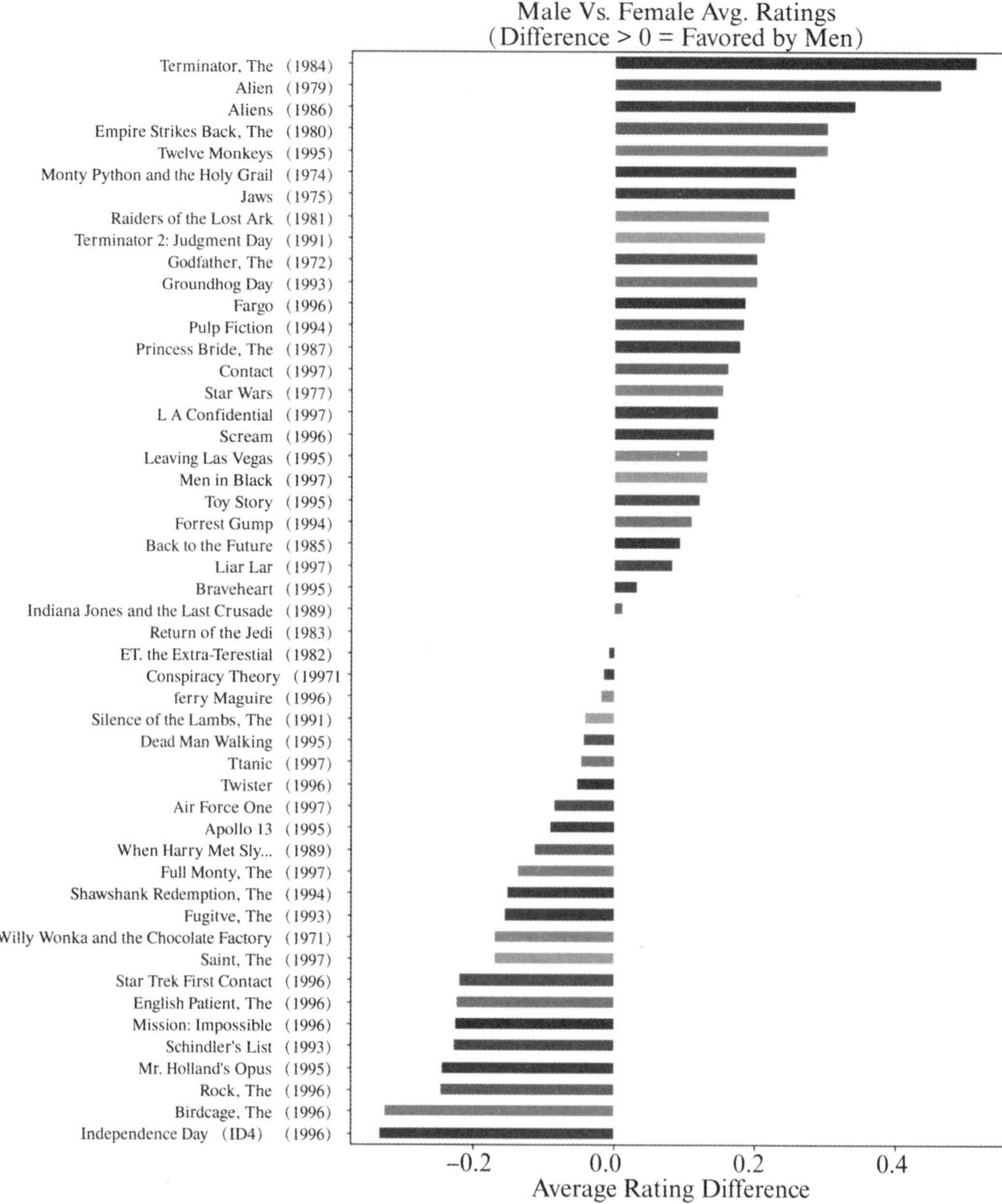

图 10.2　不同性别对电影的喜好程度

参考文献

[1]Runoob. Python3教程[EB/OL]. [2023-01-30]. https://www.runoob.com/python3.

[2]廖雪峰 .Python3 教程[EB/OL].(2019-05-02)[2023-01-30].https://www.liaoxuefeng.com/wiki/1016959663602400.

[3]Max Johnson.Loop Animated Gifs in Python[EB/OL].(2016-04-29)[2023-01-30].https://blog.penjee.com/top-5-animated-gifs-explain-loops-python/.

[4]Bernd Klein.Shallow and Deep Copy[EB/OL].(2022-06-29)[2023-01-30].https://www.python-course.eu/python3_deep_copy.php.

[5]Tutorialspoint.Python – Object Oriented[EB/OL]. [2023-01-30].https://www.tutorialspoint.com/python/python_classes_objects.htm.

[6] Parewa Labs Pvt. Ltd. Python Object Oriented Programming[EB/OL]. [2023-01-30]. https://www.programiz.com/python-programming/object-oriented-programming.

[7]Python Tutorial.Learn Python Programming[EB/OL].(2019-05-02)[2023-01-30].https://pythonbasics.org/decorators/.

[8]Bernd Klein.Introduction to NumPy[EB/OL].(2022-02-01)[2023-01-30].https://www.python-course.eu/numpy.php.

[9]OVHcloud.pandas documentation[EB/OL].(2023-01-19)[2023-01-30].https://pandas.pydata.org/pandas-docs/stable/.

[10]Pandas 0.23.4 documentation.pandas.DataFrame.plot[EB/OL].(2018-08-05)[2023-01-30].https://pandas.pydata.org/pandas-docs/version/0.23.4/generated/pandas.DataFrame.plot.html.